U0039824

孫子兵法・不朽的戰爭藝術

徐瑜・編撰

中國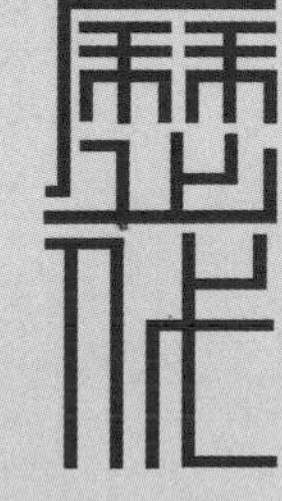經典寶庫

33

出版的話

時報文化出版的《中國歷代經典寶庫》已經陪大家走過三十多個年頭。無論是早期的紅底燙金精裝「典藏版」，還是50開大的「袖珍版」口袋書，或是25開的平裝「普及版」，都深得各層級讀者的喜愛，多年來不斷再版、複印、流傳。寶庫裡的典籍，也在時代的巨變洪流之中，擎著明燈，屹立不搖，引領莘莘學子走進經典殿堂。

這套經典寶庫能夠誕生，必須感謝許多幕後英雄。尤其是推手之一的高信疆先生，他秉持為中華文化傳承，為古代經典賦予新時代精神的使命，邀請五、六十位專家學者共同完成這套鉅作。二〇〇九年，高先生不幸辭世，今日重讀他的論述，仍讓人深深感受到他對中華文化的熱愛，以及他殷殷切切，不殫編務繁瑣而規劃的宏偉藍圖。他特別強調：

中國文化的基調，是傾向於人間的；是關心人生，參與人生，反映人生的。我們

的聖賢才智，歷代著述，大多圍繞著一個主題：治亂興廢與世道人心。無論是春秋戰國的諸子哲學，漢魏各家的傳經事業，韓柳歐蘇的道德文章，程朱陸王的心性義理；無論是貴族屈原的憂患獨歎，樵夫惠能的頓悟眾生；無論是先民傳唱的詩歌、戲曲，村里講談的平話、小說……等等種種，隨時都洋溢著那樣強烈的平民性格、鄉土芬芳，以及它那無所不備的人倫大愛；一種對平凡事物的尊敬，對社會家國的情懷，對蒼生萬有的期待，激盪交融，相互輝耀，繽紛燦爛的造成了中國。平易近人、博大久遠的中國。

可是，生為這一個文化傳承者的現代中國人，對於這樣一個親民愛人、胸懷天下的文明，這樣一個塑造了我們、呵護了我們幾千年的文化母體，可有多少認識？多少理解？又有多少接觸的機會，把握的可能呢？

參與這套書的編撰者多達五、六十位專家學者，大家當年都是滿懷理想與抱負的有志之士，他們努力將經典活潑化、趣味化、生活化、平民化，為的就是讓更多的青年能夠了解繽紛燦爛的中國文化。過去三十多年的歲月裡，大多數的參與者都還在文化界或學術領域發光發熱，許多學者更是當今獨當一面的俊彥。

三十年後，《中國歷代經典寶庫》也進入數位化的時代。我們重新掃描原著，針對時

代需求與讀者喜好進行大幅度修訂與編排。在張水金先生的協助之下，我們就原來的六十多冊書種，精挑出最具代表性的四十種，並增編《大學中庸》和《易經》，使寶庫的體系更加完整。這四十二種經典涵蓋經史子集，並以文學與經史兩大類別和朝代為經緯編綴而成，進一步貫穿我國歷史文化發展的脈絡。在出版順序上，首先推出文學類的典籍，依序有詩詞、奇幻、小說、傳奇、戲曲等。這類文學作品相對簡單，有趣易讀，適合做為一般讀者（特別是青少年）的入門書；接著推出四書五經、諸子百家、史書、佛學等等，引導讀者進入經典殿堂。

在體例上也力求統整，尤其針對詩詞類做全新的整編。古詩詞裡有許多古代用語，需用現代語言翻譯，我們特別將原詩詞和語譯排列成上下欄，便於迅速掌握全詩的意旨；並在生難字詞旁邊加上國語注音，讓讀者在朗讀中體會古詩詞之美。目前全世界風行華語學習，為了讓經典寶庫躍上國際舞台，我們更在國語注音下面加入漢語拼音，希望有華語處，就有經典寶庫的蹤影。

《中國歷代經典寶庫》從一個構想開始，已然開花、結果。在傳承的同時，我們也順應時代潮流做了修訂與創新，讓現代與傳統永遠相互輝映。

時報出版編輯部

【導讀】

戰爭藝術面面觀

徐瑜

孫子名武，是距今兩千五百年前春秋時代人，他不但是出類拔萃的軍事天才，而且是中國歷史上首屈一指的兵學大師，他的十三篇「兵法」成為歷代講武論兵的寶典，他所提出的原理原則，至今在軍事理論上占有重要地位。在孫子思想薰陶之下，歷代名將幾乎都以《孫子兵法》為作戰準則，他在中國兵學上的地位，如同孔子在儒學上的地位一樣，孫子可以說就是中國的「兵聖」。

自有人類以來，戰爭就未曾停止，中國歷史上相傳黃帝以七十戰而定天下。黃帝之後，五千年間，無代不有戰爭，國家因戰爭而立，亦由戰爭而亡，在戰爭之中交替興革，人類歷史也在戰爭中隨之演進。《呂氏春秋》有這樣一段話：「古聖王有義兵，而無偃

兵。兵之所自來者上矣，與始有民俱。凡兵也者，威也；威也者，力也。民之有威力，性也，所受於天也，非人之所能為也。武者不能革，而工者不能移，兵所自來者，久矣。」（〈孟秋紀〉）當然，《呂氏春秋》企圖自人性說明戰爭之起源，有其商榷之處，未必能一概而論，但是戰爭無法在人類社會中消弭，卻是不可否認的事實，因此人類對於戰爭應有正確的知識和認識。

戰爭既然是人類社會所不可避免者，所以歷代講武論兵者，各就不同角度去觀察戰爭和研究戰爭，以期求得一種適應戰爭的態度和方法，孫子就是其中最傑出者。孫子是中國最偉大的兵學大師，他所身處的時代正是戰爭最頻仍，諸侯兼併爭霸最劇烈的春秋時代，而他的十三篇兵法，不僅言簡意深，歸納出戰爭的原理原則，而且是最有系統的軍事理論和實務。《孫子兵法》全文不過六千一百餘字，但舉凡戰前之準備、策略之運用、作戰之布署、敵情之研判等，無不詳加說明，巨細靡遺、周延完備。我國歷代將帥沒有不讀《孫子兵法》這部書的，也皆以孫子的兵學思想為圭臬，歷代名將都循著他所揭示的戰爭原理原則，統軍作戰，克敵制勝。孫子所主張的：「智、信、仁、勇、嚴」，成為兩千五百年來中國軍人的武德，也塑造了中國軍人的典型。

《孫子兵法》問世後，即廣泛流傳。《韓非子．五蠹》中說：「今境內之民皆言兵，

藏孫吳之書者家有之。」可見在戰國時代已傳誦一時。到漢朝時，武帝看大將軍霍去病不好古籍，「嘗欲教之以孫吳兵法」（見《漢書．衛將軍驃騎列傳》）。三國時代，曹操最為讚賞《孫子兵法》，他是第一個為《孫子兵法》做注解的人，曹操以後，歷代都有許多人做研究，可考者超過百家。有的用以往戰史印證，有的從文字意義註釋，有的就語句內容發揮。流傳較廣的版本是《武經七書》本和《孫子十家注》本，前者是將《孫子兵法》、《吳起》、《司馬法》、《黃石公三略》、《尉繚子》、《六韜》、《李衛公問對》等七部兵書合為一集。而後者則是將《孫子兵法》單獨成集，而收錄了曹操、孟氏、李筌、杜牧、陳皞、賈林、梅堯臣、王晳、何延錫、張預等十家注釋。《十家注》到清朝時，由孫星衍重行校勘，也有人稱為《十一家注》本，或校勘本，除這兩種版本外，各家注本也有許多，《孫子兵法》受到歷代重視，可見一斑。

民國以後，研究《孫子兵法》者亦有不少，不僅從現代軍事觀點發揮孫子兵法精義，而且對十三篇原文多方考訂校正，如蔣百里、錢基博、李浴日、魏汝霖等。我國軍事院校更以《孫子兵法》為指揮參謀學院必修課程，軍事教育單位對孫子之戰略戰術思想研究最多，也最深入。

不僅我國軍事教育重視《孫子兵法》，世界各國亦莫不然，日本接觸《孫子兵法》最早，平安時代滕原佐世的《國見在書目錄》中已有記載，相傳是奈良時代由吉備真備（六九五—七七五）攜回，其歷代注家之多，不在我國之下。日人最初視《孫子兵法》為不傳之祕，僅在武將世家流傳。到了平安時代，大江匡房任大藏卿，先後為三條、白河、堀河三任天皇的侍讀，掌理皇室祕本圖書，於是成為日本《孫子兵法》的傳人，再傳至源義家、毛利家、武田源、最後傳到德川家。其中以武田信玄最拜服孫子，他把《孫子兵法．軍爭》上的四句話「疾如風、徐如林、侵掠如火、不動如山」繡在軍旗上，以為號誌，此後「風林火山」四字成為武田家的代表。德川時期是日本研究《孫子兵法》鼎盛時代，小幡景憲、北條氏長、山鹿素行、吉田松陰、恩田仰岳等人，都是一時名家。到德川家綱（一六四一—一六八〇）第一本日文本《孫子兵法》才問世，在此之前，日人研讀的都是漢文兵法。日文兵法流傳更為普遍，二次大戰前，日本有關《孫子兵法》的注本及論述，超過兩百餘種，日人稱孫子為「東方兵聖」，其兵法為「孫學」，以示尊敬之意。

在歐美方面，一七七二年傳教士亞茂德（J.J.M.Amicry）譯《孫子兵法》為法文，名為《中國之軍事藝術》（《Art Militair des Chinois》），這大概是第一部西方譯本，英人蓋爾斯（Lionel Giles）則在一九一〇年出版《孫子的戰爭藝術》（《Sun Tzu on the Art of War》）英文譯本，此後孫子兵法的譯本在歐美亦開始流傳，各軍事院校也以《孫子兵法》為必讀經

典之一。美國在波斯灣戰役中，史瓦茲柯夫將軍訓令下屬必須研讀《孫子兵法》，此說雖屬新聞報導，真實性待考，但美國西點軍校、維吉尼亞軍校均明列《孫子兵法》在其選修課程中，則為不爭之事實，孫子兵學思想影響之廣，東西方皆然。

孫子的思想不僅影響中外軍人，即使就一般人而言，《孫子兵法》的箴言和觀念也早已深深植入腦海中，舉例以言如：「勝兵先勝」、「料敵制勝」、「上兵伐謀」、「不戰而屈人之兵」、「知己知彼，百戰不殆」、「後發先致」、「出奇致勝」、「以迂為直」、「始如處女，後如脫兔」、「攻其無備，出其不意」、「致人而不致於人」、「置之死地而後生」等等，不僅是軍事方面的術語，而且成為一般人時常引用的口語，在不知不覺中脫口而出，其中蘊含的意義也早已被認為是普遍的真理，自然而然的運用這些原理原則，只是習焉不察，不曾去深究這些概念的由來而已。尤其現代社會競爭激烈，許多商戰兵法、談判兵法、公關兵法等應潮流而生，甚至婚姻戀愛、人際關係也運用兵法的觀念剖析，其實兵法的道理與人生道理有契合之處，如果視人生為一場戰鬥的話，兵法就是圭臬南針，多算勝，少算不勝，而況於無算乎？所以《孫子兵法》實在值得精讀體會，細細品味，它絕不是一部刻板枯燥的軍事典籍，從現代的眼光來觀察，可以發現處處皆有人生智慧的光芒。

時報文化出版公司在三十年前，由高信疆先生主持、策劃，編印一套「中國歷代經典寶庫」，首選四十五種，後來再增列二十種；共計六十五種，《孫子兵法》為其中唯一的兵學經典。當時的編輯委員陣容如：周安托、高大鵬、詹宏志、龔鵬程、顏崑陽、李瑞騰諸兄，皆一時俊彥。共同思考以經典通俗化為鵠的，使傳統經典擺脫生澀難懂的文言，而以活潑生動的語譯文，走入大眾生活之中，因此要求每一位編寫作者必須以語譯講古，以達到中國古典知識大眾化的目標。因此，為求易讀易懂，關於《孫子兵法》的原文，本書採取原國防研究院魏汝霖將軍校訂之標準本為準，每篇之後附以註釋、語譯及概說，註釋盡量採語譯解析，概說則就每篇之重點予以補充說明，此外將孫子的生平、重要戰役及戰爭原理、戰略原則等，綜合性的加以說明，希望對認識孫子軍事思想有所幫助。

時報文化出版公司決定近期將這一套經典寶庫再次付梓，證明經典永遠有其恆久存在的價值，只是物換星移，人事已非，不由使人懷念已故的高信疆兄和周安托兄，他們是這一套經典寶庫的推手，也是文化傳承的先行者。

孫子兵法◆不朽的戰爭藝術　目次

下編

導論

導論

《孫子兵法》一共是十三篇，分別是：〈始計〉、〈作戰〉、〈謀攻〉、〈軍形〉、〈兵勢〉、〈虛實〉、〈軍爭〉、〈九變〉、〈行軍〉、〈地形〉、〈九地〉、〈火攻〉、〈用間〉，形成一套有系統的戰略戰術思想，因此在這裡先將各篇要旨加以簡單說明，以幫助讀者了解孫子的軍事思想。

第一篇〈始計〉，是全文之首篇，主要在說明戰爭前的各項準備工作，尤其強調戰爭之勝負往往取決於戰前的籌劃。籌劃精密，則取勝公算大；籌劃草率，則取勝公算小，如果毫無計劃，冒冒失失就興兵作戰，則必然難逃失敗的命運。至於籌劃的方式就是以「五事」、「七計」為比較分析的標準，「五事」是：道、天、地、將、法；「七計」是：主

孰有道、將孰有能、天地孰得、法令孰行、兵眾孰強、士卒孰練、賞罰孰明。也就是說，在君主的施政、將帥的才能、天時地利的合適、法令制度的完善、兵眾的強弱、士卒的訓練、賞罰的公允等方面，做全盤性比較，假如我方居弱勢，即應在缺點方面力求改進；如果敵人居弱勢，即應針對其弱點上下工夫，所以勝負可以在戰前預見，因此這一章的副題訂為：決勝於廟堂之上。

第二篇〈作戰〉，主要在說明戰爭對國家和人民所產生的沉重負荷，在人力和物力上均會造成嚴重的損耗，如果動用二千乘戰車，配置十萬大軍，到千里之外用兵作戰，每天所消耗的戰爭費用，將是非常驚人的支出。更重要的是，軍旅的後勤補給形成最大的困擾，因為古代交通不良，運送糧食支援前方，全仗人力及獸力載運，長途跋涉，糧食都被運送的人消耗光了，往往運二十石糧草出發，只能有一石達到目的地。因此，任何一個國家都無法經得起長時期的戰爭損耗，所以作戰時愈快取得勝利，愈能減少自身損失而獲取戰果，是故這一章的副題訂為：速戰速決。

第三篇〈謀攻〉，主要在說明沒有戰場的戰鬥行為。戰場上兵戎相見，殺伐熾烈，對任何一方均有嚴重的損失，直接影響到國家的力量；因此最理想的方式是不經由熾烈的戰鬥而取得勝利，想要做到這一點，就必須運用謀略的方法和外交的手段，達到使敵人屈服

的目的，這就是沒有戰場的戰鬥行為。孫子認為，打一百次仗，勝一百次，並不是最高明的，不經由激烈戰鬥而能使敵人屈服，才是最為高明，因為就取得勝利的結果而言是一樣的。前者須經過慘烈的搏殺，自身必有重大損失，而後者既可保持戰果，又沒有損傷自己的實力，所以是用兵的最高明境界。故此這一章的副題訂為：不戰而屈人之兵。

第四篇〈軍形〉，主要在說明軍事上勝利勢態之形成。兩軍對壘，雙方都盡量在找對方的弱點，同時也盡量隱藏自己的弱點，但是自己的弱點並非隱藏就能改變的，必須不斷改進校正，才能扭轉形勢，改進之道就是在政治、軍事、經濟、精神各方面，完成充分之準備，以奠定絕對優勢之基礎。故勝利形勢之造成，絕非一下子就可以辦到，必須從局部的、片斷的轉變中，逐漸形成全面的、整體的改變，一旦我有全面的優勢，則敵人勢必處處受我所制，對我無可奈何。所以在戰爭準備和戰略態勢上，應該力求其萬全，立無懈可擊之地位，使敵人找不出我的弱點，而我卻能制敵機先，因此這一章的副題訂為：勝兵先勝。

第五篇〈兵勢〉，主要在說明「勢」的運用，「勢」是力量的表現，如水勢、火勢，軍旅由靜止之狀態，迅速運動，所形成的威力，就是〈兵勢〉。這一篇與前面的〈軍形〉有連帶關係，「形」是預備動作，「勢」是攻擊行動，譬如猛鷙（ㄓˋ zhì）之擊、惡虎之搏，先斂其翼、踞其身，這就是「形」。一旦完成準備動作，虛實強弱測定，飛躍而出，一擊中的，這就是「勢」的運用。用兵作戰，在戰前固要布署各種先勝形勢，但是如何在戰場上使軍旅的威力發揮極致，也是克敵制勝必不可少的要件，因此戰場之指揮官，應盡其智慧，做「奇」、「正」之布置安排，以變化莫測之手段，達到取勝敵人的目的，所以這一章的副題訂為：正合奇勝。

第六篇〈虛實〉，主要在說明作戰貴立於主動地位，避實擊虛，取敵人之弱點，同時自己的虛實則深藏不露，使敵人無懈可擊。無論再強大的軍旅都會有強有力的部分和較為軟弱的部分，這就是「虛實」，用兵作戰一定要針對敵人虛實所在下手，切不可硬碰硬地蠻幹，擅觀虛實之指揮官，一定乘敵人之弱勢用我之強勢，同時利用種種手段，吸引、牽制、分化、轉移敵人的主力，用我的長處制服敵人之短，這就是居於主動的地位。我能支配敵人，而敵人不能奈我何，我能掌握戰局，而敵人只能在我預先布署的羅網中行動，因此這一章的副題訂為：致人而不致於人。

第七篇〈軍爭〉，主要在說明會戰要領。兩軍對峙，雙方均盡其一切可能，在戰爭到來之前做種種布署準備的工作，以期獲得絕對性優勝，當雙方對壘的態勢升高到無法避免衝突時，勢必用會戰的手段，一分高下。因此會戰往往是雙方傾全力相搏殺的場面，會戰

得勝或失敗，將直接影響國家之安危存亡，所以歷來兵家，無不重視會戰。孫子認為會戰最難的就是如何化迂迴曲折之遠路為直線近路，如何化種種不利的情況為有利情況，因為迂迴曲折的作戰路線往往是敵人期待性最小，抵抗力最弱的路線，循這種「間接路線」的方式進擊，可收出奇制勝之效，因此這一章的副題訂為：以迂為直。

第八篇〈九變〉，主要在說明將帥指揮軍旅應注意之事項。將帥為軍旅之中樞，負作戰成敗之重任，因此切不能以一己之好惡，任性行事，最要緊的是應考慮各種狀況，做成適當的判斷，因此必須用冷靜理智的思考方式，以避免錯誤決定。同時，對於利害之分辨，一定要仔細思量，作戰布署運用有其長遠的一面，眼前之利，在種種情勢改變之後，可能反成其害，而眼前之害，往往又可能變成日後之利。將帥應該於害中掌握有利因素，於利中檢討有害之處，同時就利害之兩面比較，才能做正確明智之抉擇，所以這一章的副題訂為：為將之道。

第九篇〈行軍〉，主要在說明軍旅在山地、河川、沼澤、平陸等四種地形的用兵原則，以及三十三種觀察敵人虛實的方法。古代的交通工具不發達，地形的崎嶇變化對於部隊的行進及運動，自然形成極大的阻礙，因此在作戰時必須因地制宜，就各種地形之特性，充分利用，才能發揮戰力。同時，在大部隊運動時，一定有一些無法隱藏的跡象，觀察這些跡象便可以判斷敵人的虛實，一個經驗豐富的將帥，對於敵情的研判，往往可就敵人所表現出來的徵兆，看出其優點和弱點所在。所以這一章的副題訂為：處軍相敵。

第十篇〈地形〉，主要在說明「通」、「挂」、「支」、「隘」、「險」、「遠」六種特殊地形的利用，以及將帥因措置失當，以致犯了「走」、「弛」、「陷」、「崩」、「亂」、「北」六種錯誤的情形。作戰用兵時，時常會遇到特殊的地形，有時是為勢所迫，不得不設法通過，有時是刻意利用，在敵人意想不到的情況下通過，但是不論為那一種原因，研究地形之險阻，計算道路之遠近，都是將帥必須做到的事。因為地形利用是作戰取勝的必要條件，不僅古代如此，近代的科學化戰爭，也是一樣的要考量地形的因素。至於將帥指揮軍旅的各種措置，更是對勝負有決定性的影響，孫子對於將帥可能犯的六項錯誤，都是就人為方面的過失而言的，也都是由於平素訓練不夠，號令不嚴所造成的。因此軍旅的精良與否，端賴平素的教導訓練，如將帥威嚴盡失，士卒驕橫不馴，也難逃失敗的命運。所以這一章的副題訂為：地道將任。

第十一篇〈九地〉，主要是說明九種戰略地形：「散地」、「輕地」、「爭地」、「交地」、「衢地」、「重地」、「圮地」、「圍地」、「死地」，以及交戰於國境之內和交戰於國境之外的用兵原則。〈九地〉是《孫子兵法》中最長的一篇，計一千餘字，占全部兵法的

六分之一，也可以說是對戰場作戰的地形利用，作一總結。除對作戰目標的選擇，及決戰地區的地理形勢運用予以分析外，還說到機動原則、奇襲原則、戰場心理原則等。至於交戰於國境內的「主兵」和交戰於國境外的「客兵」，其運用原則，孫子也做了詳盡的分析；尤其對客地作戰敘述最多，因為用兵於國境之外，所可能遭遇的困難較多，危險性也較大。所以這一章的副題訂為：勝敵之地、主客之道。

第十二篇：〈火攻〉，主要是說明以火助攻的方法。古代作戰的防禦工事多以木、竹、籐、革等材料為主，易於引火燃燒，因此如果能利用火攻，必然會有相當效果，假使各方面的條件配合得宜，更可能一舉毀滅敵人。自古以來，火攻就是一項有力的武器，即使近代的戰爭，也強調「火力」的運用，雖然這個「火力」之「火」不是古代的燃燒之火，但是在觀念上似乎還保留著「火」的聲勢和威力。所以這一章的副題訂為：以火佐攻。

第十三篇〈用間〉，主要是說明充分運用間諜，達成知敵察敵的目的。用兵作戰貴在知己知彼，不知己固無法度德量力，不知彼更是瞎子摸象，自塞耳目。以舉國之力，爭勝負於疆場，這是國家人民安危之所繫，因此敵人的一舉一動都應詳為偵察，預作防範，要是做不到這一點，必然白白犧牲士卒，糊里糊塗的打了敗仗，用間諜去詳察敵情，取得正確的情報，對整個戰局勝負和國家存亡，實有決定性影響，所以這一章的副題訂為：知敵之情。

以上是將《孫子兵法》十三篇的要旨，分篇加以說明，希望讀者能對孫子的軍事思想有一個概括性的認識。

不過在閱讀十三篇兵法原文之前，應該先對孫子個人的身世，以及其所處的時代背景，有所了解，因此在考慮之後，把兵法原文，以及語譯、註釋、概說等，編排於本書的下篇，而將孫子的身世及時代背景列在上編，使讀者先認識孫子，然後再體會他的思想。

上編計分為六章，包括：〈孫子的故事〉、〈吳楚的七十年爭戰〉、〈孫子、伍員、闔廬的三角關係〉、〈孫子輝煌的一戰〉、〈孫子的戰爭原理〉、〈孫子的戰略原則〉等。

第一章〈孫子的故事〉，是敘述孫子的身世，孫子一生事蹟可考者不多，見諸正史記載的更少，所以歷代皆有人懷疑是否真有孫子這個人，或者認為孫子是孫臏或伍員，使得孫子的身世越發成為一團疑雲。這一章就是將各種有關的說法，綜合比較，使讀者對於孫子其人，有較清晰的輪廓。

第二章〈吳楚的七十年爭戰〉，主要是敘述吳、楚兩國間長時期爭霸經過。由於吳國逐漸興起，強悍善戰，成為南方新起勢力，從太湖附近地區向淮河流域擴張，與楚國的勢力範圍發生衝突，楚國這個老大的王國，抵擋不住吳國新銳的力量，淮河流域逐漸落入吳

國的掌握之中；而吳國在擴張勢力之餘，慢慢有了自信心，冀望一舉滅楚，成就霸業，孫子就是在這個時期中加入吳國的陣容。吳王闔廬重用孫子，是吳國能夠破楚入郢的主要原因，孫子運用其高超的軍事知識及卓越的領導才能，千里遠征，獲得空前的勝利，楚國一蹶不振，終春秋之世，再沒有與吳國爭雄的能力。

第三章〈孫子、伍員、闔廬的三角關係〉，主要是說明這三個人關係建立之經過。伍員自楚國逃奔吳國後，即依附闔廬，當時闔廬還是吳國的公子，他看準闔廬是可以仗恃的人，所以處心積慮，為他籌劃，弒君篡位，取得政權，然後藉吳國之力伐楚報仇。至於孫子，他是在吳國的隱者，伍員深知其才，舉薦闔廬，統兵千里遠征，執行破楚的作戰任務。因此，伍員實在是關鍵人物，在這個三角關係中，他扮演了穿針引線的工作，沒有伍員，闔廬恐怕無法登上王位，孫子也無從與闔廬接觸，吳楚的爭霸史恐怕也要改寫一番了。

第四章〈孫子輝煌的一戰〉，主要是敘述孫子統軍伐楚的經過。自孫子掌吳國兵符之後，即積極布置，經六年之準備，用「三分疲楚」之策略，使楚軍戰力消耗殆盡，逐漸取得淮河流域各戰略據點之控制權，完成全面優勢的掌握。然後在西元前五〇六年時，分軍兩路，越桐柏山、大別山一帶，進入楚國境內，再會師於柏舉，殲滅楚國大軍，乘勝追擊，直攻入郢都。其間與楚軍五戰五勝，規模之大，作戰路途之遠，是春秋戰役中所未見。孫子的兵學才華，在這次戰役中，發揮無遺，不僅是孫子個人最輝煌的一戰，也是春秋歷次戰役中最偉大的一役。

第五章〈孫子的戰爭原理〉及第六章〈孫子的戰略原則〉，是對《孫子兵法》的進一步分析，就戰爭原理和戰略原則兩方面研究孫子軍事思想。其中包括「慎戰」、「先知」、「先勝」、「主動」四原理，和「大戰略」、「國家戰略」、「軍事戰略」、「野戰戰略」等四原則，其中引用《孫子兵法》的原文，因為在下編部分已有語譯及註釋，所以都沒有改寫，希望讀者自行參閱。

以上就是本書各章的內容要點，希望在敘述一遍之後能塑造一個印象，有助於閱讀全文，更希望讀者能由此對孫子的思想及人格有正確的認識。

上編

第一章　孫子的故事

孫子是中國的「兵聖」，他與古代兵學是分不開的，中國歷代講武論兵，沒有不談《孫子兵法》的，正如明人茅元儀所說：「孫子之前的兵學精義，《孫子兵法》中都包羅無遺，孫子之後的兵學家，在談論兵學時都不能超出孫子的範圍。」（《茅氏武備志》）可見孫子實在是中國承先啟後的兵學大師。中國自軒轅黃帝開國，到春秋時代，二千餘年間，經歷無數次的戰爭，在不斷同化兼併的過程中，民族戰爭的經驗已非常豐富，孫子即融合這些戰爭經驗，完成其十三篇兵法，這是中國第一部最完整、最系統化的軍事思想著作，對於戰爭原理、原則的闡述，綱舉而目張，曲盡而精微，自宋代以後，尊奉為武經，與儒學並稱，同為立國之文、武兩翼，孫子的兵聖地位自此確定。

照《史記》的說法，孫子是齊國人；照《吳越春秋》的說法，孫子是吳國人，不過兩書都指出孫子是春秋時代末期的兵學家，在吳王闔廬三年至十年之間，在吳國為將，為吳國策劃伐楚大計。《史記》的列傳中，有關孫子的記載是：

孫子，名武，齊國人，帶著他的兵法去見吳王闔廬，闔廬說：「你的十三篇兵法我全看了，你可以試著指揮一下嗎？」孫子說：「可以。」

於是吳王把後宮美女一百八十人叫出來，交給孫子操練。孫子把她們分為兩隊，各以吳王的寵姬做隊長，拿好戟矛等武器，問她們說：「妳們知道自己的前心後背及左右手嗎？」大家都說：「知道。」

孫子說：「大家聽清楚，我這樣敲鼓，大家便看右手；那樣敲鼓，大家便看左手；怎樣變前，怎樣變後，聽明白了沒有？」大家說：「明白了。」

於是設置執法的斧鉞，準備號令。孫子先敲鼓令大家向右，宮女們笑成一團，沒有聽令行動，孫子說：「所說的還沒使妳們明白，是我的錯。」便又三令五申地講解幾遍，接著又敲鼓令大家向左，宮女們又是笑成一團，沒有行動。

孫子說：「講了幾遍，大家都應該明白了，但還不能聽號令行動，這是隊長的罪過。」便下令將兩個隊長斬首。

吳王大吃一驚，趕快派人來攔阻說：「我已經知道你很能指揮軍隊了，這兩個寵姬，是侍奉我的，沒有她們，我會吃不好睡不安的，請不要斬她們。」孫子說：「我已經受命為你的大將，大將在指揮軍旅時可以不接受君王的命令。」馬上命令執法斬了兩個隊長，另選兩個補上。然後再以鼓聲指揮，向左向右，向前向後，跪下起立等一切動作都合於規矩，沒有人敢出聲音。

孫子便向吳王報告說：「兵已訓練整齊，請君王來看看，現在你可以隨意下令，就是要她們赴湯蹈火都行。」

吳王說：「將軍請休息罷，我不願意看了。」

孫子說：「君王你只喜歡聽一些空洞的言辭，卻不能實事求是的做事。」吳王雖然很不高興，但是深知孫子能夠用兵，便立孫子為大將。後來打敗強大的楚國，直攻入楚國的都城郢（今湖北省江陵縣東），北面揚威齊國、晉國，使吳國在諸侯間大大顯名，孫子是最有功勞的一個。

至於《吳越春秋》上的記載，則是這樣：

吳王登上高臺之上，向南面迎著風長嘯，過了一陣子，忽然長長的嘆了口氣，隨侍的臣子沒有人了解吳王的心意，只有伍子胥明白他的想法，於是向吳王推薦孫子。孫子是吳

國人，名叫武，善長兵法，隱居避世，所以世人都不知道他的才能，只有伍子胥知道孫子是一個運籌帷幄，破敵取勝的將才，所以與吳王談論兵事時，曾七次向吳王力薦，吳王便召孫子前來討教兵法，每次拿一篇兵法呈閱，吳王便不覺連聲讚嘆，心中非常喜悅。（以下用宮女操練兵法，和《史記》相同。）

司馬遷的《史記》，和趙曄的《吳越春秋》是記載孫子事蹟較為詳細的兩部書；除此之外，漢代以前的古書關於孫子的記載極少，《荀子．議兵》、《韓非子．五蠹》、《國語．魏語》，都曾提到孫子善用兵，其他有關家世、出身等，一概沒說，因此孫子的身世實在是一個撲朔迷離的疑案，歷代對於孫子都有不同說法和看法。

第一種是懷疑根本沒有孫子這個人，《孫子兵法》一書是春秋戰國時代的山林處士所著；第二種是認為孫子可能就是戰國時代智擒龐涓的孫臏，孫臏著有兵法，但是已經失傳，而孫臏又是孫子後代，兵法十三篇大概是孫臏的兵法，而不是孫武的兵法；第三種看法與第一種相近，認為沒有孫子這個人，孫子就是伍員（伍子胥）；第四種說法認為孫子確有其人，而且是齊國田氏之後，因避齊國內亂，才逃到吳國去的。這四種說法皆各有各的依據，為求理解孫子的家世，有必要一一說明。

首先懷疑沒有孫子這個人的，是宋朝的葉適、陳振孫，葉適在其《習學記言》中說：

「《左傳》上沒有記載孫武的名字，大概是春秋末期或戰國初期的隱士所著，後來的人加以渲染誇大。」陳振孫的《書錄解題》也說：「孫武見吳王闔廬的事，在《春秋左傳》上沒有記載，無法確定他到底是什麼時代的人。」此外清代全祖望的《孫武子論》、姚鼐的《惜抱軒文集》，都贊成葉、宋二人的看法，認為沒有孫子這個人。但是，進一步觀察葉、宋否定孫子其人的真實性，其主要依據是《春秋左傳》中沒有孫子的記錄，《左傳》是記述《孫子兵法》大事最完整的一部史書，有關吳國的記載雖然不多，但是自吳王壽夢之後，吳國大事也有紀錄，就是不提孫子其人，左傳既無孫子，自然不能證明有孫子其人。而且葉適最反對《史記》及《吳越春秋》上所記，孫子以兵法操練宮中婦女這件事，他說：「凡是託名司馬穰苴（ㄖㄤˊ ㄐㄩ ráng jū）、孫武這些人的，都是當時的辯士隨便說說的，絕不是事實，尤其說到吳王闔廬用宮女操練的事，更是誇大其詞，不足採信。」這樣一來，孫子便成了「子虛烏有」的人了。

《左傳》上沒有提到孫子，的確是一件不可理解的事，但是這只是一種想當然的推測，歷史材料的分辨，不能以一部書為準，《左傳》上固然沒說孫子其人，但是與《左傳》時代相近的《荀子》、《韓非子》卻都曾提及孫子，《荀子．議兵》說：「善於用兵者，神出鬼沒，變化無常，使人不知他的來處，孫、吳就是像這樣無敵天下。」楊倞注：「孫，謂闔廬將孫武；吳，謂魏武侯將吳起也。」《韓非子．五蠹》：「今境內皆言兵，藏孫、吳之書者，家有之。」孫子、吳起都有兵法傳世，戰國時代常把兩人並稱，《史記》的列傳第五，就是〈孫子吳起列傳〉，《漢書》上也說；「武帝以霍去病不知古籍，常欲教之以孫、吳兵法。」吳起是戰國時人，歷代沒人懷疑；孫、吳兵法的「孫」，如果不是孫子，那又會是誰呢？宋人葉適之前，沒有人懷疑過孫子是不是真有其人。《史記》、《漢書》、《吳越春秋》固不必說了，像《國語》、《越絕書》中也認定有孫子其人，而且漢人袁康所撰的《越絕書》中還指出：「昔日吳國城外有一個大墳，這是吳王客卿齊國的孫子之墓，距縣城約十里之遠。」孫子是不是葬在吳門外，猶待考證，但是有孫子其人卻是無疑問的。此外，註釋《孫子兵法》最早，也最具卓見的曹操，也確定：「孫子者齊人也，名武，為吳王闔廬作兵法一十三篇，試之婦人，卒以為將，西破強楚入郢，北威齊、晉。」唐代杜佑的《通典》更多處引用並解說孫子言論，以證諸戰史的得失。可見只憑《左傳》上沒有記載孫子的事蹟，就否定孫子的存在，是不可靠的。

那麼為什麼《左傳》不記孫子呢？明代的宋濂在其所著《諸子辯》中說：「春秋時代，諸侯各國向周王室赴告者，就記載之，否則就沒有記錄，在二百四十二年中，大國如秦、楚，小國如越、燕，有許多事都沒有在《春秋左傳》中看到，又豈只孫武這個人呢？」《春

秋》經傳主要記中原之事，所以魯、衞、齊、晉之事較多，宋、楚、秦、鄭就不完全，吳、越為南方新興國家，春秋末期才參與中原諸國之間，《左傳》記各國之事本來就很簡要，往往幾句話就交代過去，孫子在吳國的地位又在伍員之下，像破楚入郢這種大事，由闔廬、伍員出面，孫子只居中策劃，所以《左傳》不列其名，是可以講得通的。況且宋以前的古籍都明白指出孫子這個人，當然不能因葉適之懷疑而推翻前人的記述，而且吳人名不見《左傳》者甚多，不能以《左傳》無名，就斷定沒有這個人。

第二種說法是由於《史記》中除了說孫子的事蹟外，還附帶說了孫臏的事蹟，照司馬遷的論斷，孫臏是孫子後代，著有兵法，但是失傳了，所以有人懷疑孫子十三篇是孫臏所著，而且十三篇之文體語句以及牽涉的一些制度，都是戰國時代才有的，因此梁啟超說：「吾儕據其書之文體與內容，確不能信其為春秋時書。雖然，若謂出自秦漢以後，則其文體與內容亦都不類。若指為孫臏作，亦可謂真。」（《中國歷史研究法》）今人錢穆先生在《先秦諸子繫年考辯》中亦說：「余疑凡吳孫子之傳說，皆自齊孫子來也。《史記》本傳吳、孫子本為齊人，而齊孫子為其後世子孫，以其臏腳（雙足殘廢）而無名，武殆即臏名耳，其著兵法，或即在晚年居吳時。後人說兵法者，遞相附益，均託之孫子。或曰吳、或曰齊，世遂莫能辨，而史公亦誤分為二人也。」這種看法在近世以來，頗為流行，但是自數年前，山東省臨沂縣銀雀山，兩處西漢古墓中，出土了《孫臏兵法》竹簡後，證明《孫子十三篇》與《孫臏兵法》是兩個人所著的不同的兩部書，不可混為一談，因此孫臏不是孫子，而是孫子的後代；《孫臏兵法》不是《孫子兵法》，才獲得證明。

第三種說法，認為孫子可能是伍員，首先提出這個看法的是清代的牟庭，他在《校正孫子》中認為孫子的事蹟與伍員分不開，似非二人。而且伍員曾在數諫吳王夫差不聽後，託其子於齊鮑氏，居阿鄄（山東東阿與濮縣之間。鄄音ㄐㄩㄢˋ juàn），伍員後代在齊國姓孫，其後百年有孫臏出，孫武一書蓋成於孫臏之手。《史記》中曾記載孫臏生於阿鄄之間，照這個推論，則孫臏不是孫子之後，而是伍員之後；若伍員即是孫子，則《史記》中司馬遷顯然又誤以為二人了。但是從《史記》及其他有關古籍中來看，孫子與伍員向來都是兩個人，而且自銀雀山孫臏兵法出土後，證明《孫臏兵法》非《孫子兵法》，那麼孫臏也絕非伍員後代；況且《左傳．哀公十一年》：「吳子胥出使齊國，把他的兒子託付鮑氏，就是日後的王孫氏。」王孫是氏，不是姓，伍員之子是不是改姓孫猶待考證，即使姓孫，孫臏也絕非其後，而是孫武之後，則伍員是伍員，孫武是孫武，不能混為一談。

最後一種說法是認為，孫子是齊國人，為田完後代，這個說法始於唐故記世系表，宋儒鄧名世《古今姓氏書辨證》說：「孫氏有出自嬀（ㄍㄨㄟ guī）姓，齊田完字敬仲，四世

孫桓字無宇，無宇子書字子占，齊大夫，伐莒有功，景公賜姓孫氏，食采於樂安，生馮字起宗，齊卿；生武字長卿，以田鮑四族謀為亂，奔吳為將軍。」照這樣看來，孫武是孫馮之子，孫書之孫了。另外，自稱孫子後代的清人孫星衍也說：「孫子蓋陳書之後，陳書見《春秋傳》，稱孫書，姓氏書（指鄧名世之書）以為景公賜姓，言非無本，又泰山新出孫夫人碑，亦云與齊同姓，史遷未及深考，吾家出樂安，真孫子之後。」這是進一步肯定孫子是孫書之後，而且舉孫夫人碑為證據。

但是，《史記》田敬仲完世家載：「完卒，謚為敬仲，敬仲生穉孟夷，穉孟夷生湣孟莊，湣孟莊生文子須無，文子須無生桓子無宇，無宇生武子開和釐子乞。」就是沒有名「書」字子占的兒子，當然更沒有馮、武等孫輩了；而且四族之亂，《史記》及《左傳》均有記載，田、鮑、高、欒四家共擊慶封，慶封奔吳，田氏家族並沒有奔吳的記錄，不但沒有出奔，反而勢力日大，最後還篡了齊國。至於清人孫星衍所說，孫子是陳書之後，陳書就是孫書，《左傳》上確有此人，不過陳書非但沒有奔吳，而且在周敬王三十六（魯哀公十一、西元前四八四）年，曾與吳、魯聯軍交戰於艾陵（今山東省泰安縣南），兵敗被俘。《左傳．哀公十一年》載：「五月，魯國會同吳國伐齊，大戰於艾陵，破齊師，俘獲了國書、公孫夏、閭丘明、陳書、東郭書等齊國將帥。」如果孫子是陳書之後，那麼不只沒有離開齊國的記錄，而且在吳王夫差在位時還和夫差作戰，陳書的後代子孫又怎會去吳國為將，還曾幫助夫差的父親闔廬呢？所以第四種說法依然有許多待澄清的部分要考證。

在討論了四種孫子家世的不同看法之後，前面三種完全不可信，第四種雖較為可信，但猶待進一步的證明。孫子像許多中國歷史上的偉人一樣，缺乏足夠的史籍去考據他的身世，因此我們只能就現存的，而且比較可靠的資料中去推究，現存史料只《史記》和《吳越春秋》兩書記載孫子的事蹟較多，兩書皆出於漢代，距孫子的時代較近，可靠性也比較高些。

《史記》說孫子是齊人，《吳越春秋》說孫子是吳人，究竟那一種說法正確，這是第一個應該探討的問題。

孫子著兵法十三篇，當然深通韜略，博覽兵書，而且《孫子兵法》上也曾引用《軍政》、《兵法》等古代兵書，可見孫子是讀過這些古代兵學著作的，如果孫子是世代居吳的話，那麼他既不是世襲的吳國貴族（孫子如為世襲貴族之後，則不必伍員推薦，也不至於受闔廬面試），更不可能是吳國的平民；平民在那個時代沒有接受教育的機會，更沒有接受軍事教育的機會，古代的兵法向視為祕本，父子相傳，平民沒有學習兵法的可能；況且吳國自壽夢稱王之後，楚人申公巫臣教之以車騎御射等戰陣之法，吳國才開始有強大的

武力，吳王壽夢之前，吳國沒有武力可言，《左傳》上也毫無記載，因此孫子不會世代居吳，而是客居在吳，《史記》上說他是齊人，可信程度較高；當然他也可能在吳國停留了相當長的時間，所以《吳越春秋》說他是吳人，但是他絕非世代居吳，這一點是可以斷言的。他極可能是齊國人，而且是齊國的貴族之後，有世代相傳的軍事知識；而且由十三篇兵法上對各種地形之熟悉看，他可能周遊過相當多的地方，然後在吳國定居。

孫子在吳國居住了多久，不得而知，但是他參與國事的時間卻只有自闔廬三年到闔廬十年，即闔廬三年由伍員之推薦而任吳國之將，籌劃伐楚；待闔廬九年十一月破郢都，第二年班師回吳後，便再也看不到孫子的記載了。即使在這七年之中，有關孫子的記述也不多，只看見闔廬、伍員、伯嚭、大概（闔廬弟）統軍征戰，鮮有見孫子衝鋒陷陣者，這是因為孫子是運籌帷幄，決勝千里之外的智將，而非披堅執銳，臨陣砍殺的戰將，孫子心目中的將帥，是「無智名，無勇功，故其戰勝不忒（ㄊㄜˋ tè），不忒者，其措必勝，勝已敗者也。」（〈軍形〉）而且是：「進不求名，退不避罪，唯民是保，而利於主。」（〈地形〉）所以他在闔廬朝中，埋頭策劃布署，一旦大功告成，立刻飄然引退，真正做到無智名、無勇功的境界。

孫子之見闔廬，係伍員之推薦，《吳越春秋》中還特別強調伍員七薦孫子，雖未能

證實，但是伍員之極力保薦，大概是不假的。闔廬之能登上王位，與伍員的策劃有關，早在伍員自楚國投奔吳國時，就和當時還是公子的闔廬有過接觸，闔廬刺殺吳王僚，自立為王，行刺的刺客專諸，就是伍員推薦的人選。之後，刺殺公子慶忌的刺客要離，也是經由伍員推薦，伍員逃到吳國是吳王僚五（西元前五二二）年；到吳王僚十二（西元前五一五）年時，專諸才刺吳王僚，闔廬登王位，這一段時間有七年之久，伍員替闔廬聚賢納士，網羅人才，專諸、要離即此一時間內所蓄養之「死士」。孫子也極有可能在這一段時間內與伍員論交，《吳越春秋》說：「孫子名叫武，是吳國人，擅長兵學，避世隱居，世人都不知他的才能，只有吳子胥知道孫子有千里勝敵，破軍斬將的能力。」如果不是伍員遍訪賢士，怎會知道孫子「善兵法」，又有「千里勝敵」的能力呢？也只有在幫助闔廬篡位的七年中，伍員有時間去拜訪孫子，待闔廬登位後，伍員謀國政之不暇，恐怕也沒有訪隱求賢的時間了。

闔廬初登位時頗能勤政愛民，《國語》上記載：「闔廬不貪美味，不樂美聲，不淫於美色，不沉於安逸，勤政愛民，體卹民間疾苦。」著實是英明之主的模樣，伍員既一再力薦，闔廬又是明主，孫子的內心中，恐怕也想把歷年來的軍事理論具體實踐，所以慨然出山，為闔廬策劃伐楚大計。破楚軍入郢都之後，闔廬的態度變了，滯留郢都九個月，闔

廬以下的吳國將帥，無不燒殺擄掠，盡量搜刮，以致秦軍來救楚時，吳軍大敗。伍員等人還想再戰，但是孫子說：「我帶領吳國大軍擊破楚國，逐走楚昭王，你又挖開平王的墓，割戮其屍體，這些做法已經很夠了。」不滿的意思表示得很明顯，當然對於闔廬及伍員也有相當程度的失望，畢竟主張「令文齊武」、「修道保法」的孫子不會贊同殺戮搶掠的行為，所以自楚歸吳，孫子就引退遠颺了。

明代余邵魚的《東周列國志》中載有這樣一段：「闔廬論破楚之功，以孫武為首。孫武不願居官，固請還山。王使伍員留之，武私謂員曰：『你知道天理循環的道理嗎？春夏去，秋冬來，四季變化無止，闔廬恃其強盛，四方無敵，必生驕樂之心，現在功成而不退，必有後患，我這樣做是為求自保，同時希望你也能像我一樣。』員不謂然，武遂飄然而去。贈以金帛數車，俱沿途散於百姓之貧者，後不知其所終。」《東周列國志》雖為小說者流，但是敘述孫子隱歸的這一段，倒頗能掌握住孫子的性格。

孫子死於何年，已不可考，不過《越絕書》上載：「吳門外有大冢，吳王客齊孫子冢也，去縣十里。」他的後代，清人孫星衍，曾在嘉慶年間親訪其地，結果在吳門外有個地方叫「雍倉」，找到一個古冢，當地的土著叫這古冢為「孫墩」，但是已沒有墓碑識別，所以孫星衍便特為立碑建祠以茲紀念，不過他似乎也不能十分肯定這就是孫子的墓冢。

歸隱後的孫子，似乎仍然從事兵學的研究工作。《漢書》上記載：「吳《孫子兵法》八十二篇，圖九卷。」鄭注《周禮》引有《孫子八陣圖》，《太平御覽》引有《孫子兵法雜占》，《隋書．經籍志》載有《吳孫子牝八變陣圖》一卷及《孫子戰鬥六甲兵法》一卷，《新唐書．藝文志》載有《孫子三十二壘經》一卷，其他如《通志》、《太平御覽》、《文選》注中，都或多或少有一些《孫子兵法》的佚文。不過除少數佚文外，這些著述都只有書名而已，內容都失傳了，以致於不能肯定是不是孫子寫的，更無從知道是不是孫子在隱居後的新研究，不過就孫子這樣一個兵學大宗師來說，歸隱之後絕不會放棄他的研究，而且在經歷破楚入郢的大戰後，必然有一些新的發現，筆之於書是極為可能的事。

孫子的生平家世資料，留下的太少，但是孫子的十三篇兵法，卻都是中國軍事思想的結晶；他的一生也正如他的兵法一樣：「微乎！微乎！至於無形，神乎！神乎！至於無聲。」（〈虛實〉）讀其兵法如見其人，我們只有從孫子的十三篇兵法中去認識孫子了。

第二章　吳楚的七十年爭戰

一、吳國的興起

吳國的土地大體為長江三角洲平原，其範圍大概北起黃河故道，南迄杭州灣，東到海，西至鎮江一帶，這是一個廣大的沖積平原，湖泊錯落，河川縱橫，是一個標準的水鄉澤國。生活在這一片土地上的民族，稱「荊蠻」，這是當時北方中原一帶民族對南方較落後的民族的稱呼，「荊蠻」之習俗是「斷髮文身」，即短髮而身上刺花紋，與中原民族之束髮右衽不同，春秋時代的初期，這一帶還是沒有開發的地區，所以與中原地區的國家很少

往來，史籍上也很少記錄吳國的事。

不過，按《史記》的記載，吳的建國很早，大概在西元前十三世紀時，周之太王古公亶父生有三子，長子太伯（泰伯），次子仲雍，三字季歷。季歷的兒子姬昌（即日後之周文王）自幼就聰慧過人，古公亶父很喜歡這個幼孫，想把承繼王位的權交給季歷，再傳姬昌，但是因為季歷是三子，沒有繼承權，所以十分煩惱。太伯和仲雍知道這種情形後，便托辭到南方採藥，遷至長江三角洲平原，斷髮而居以表示讓位的決心。當時南方的蠻夷之人，聽到太伯、仲雍的高風義節，前來歸附的有千餘家，於是擁立太伯為主，號為「句吳」，建都梅里（今江蘇省無錫縣東南六十里之梅村），這就是吳開國的規模。

太伯死後，無子，仲雍立；仲雍死，由其子季簡繼任；季簡死，由其子叔達繼位；叔達死後，由其子周章繼位，這時周武王已經克服殷商，分封諸侯，所以正式冊封周章為吳，列為周王室的諸侯。周章以後，傳了十四代，到壽夢繼位，國勢漸漸強大，開始稱王，而且向外發展，參與國際性的事務。壽夢元年即是周簡王元年，魯成公六年，晉景公十五年，楚共王六年，西元前五八五年，吳國有正確年代的開始。

壽夢在位二十五年，這一段時間是吳國的發展時期，而促使吳國向外發展的主要人物是申公巫臣。《史記》上記載了申公巫臣到吳國來的事：「壽夢二年，楚國大夫申公

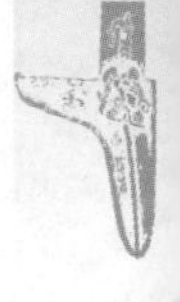

巫臣，因為與楚國大將子反結怨，而逃到晉國，再由晉國出使吳國，教導吳國人使用兵車。」壽夢之前的吳國，似乎仍停留在氏族社會階段，談不上國家組織與制度，也不會使用兵車、御射、戰陣等方法，申公巫臣是吳國第一個軍事顧問，吳國的軍事組織是他一手建立起來的，也正因為有了軍事力量，才奠定了吳國向外發展的基礎。

二、申公巫臣的圖謀

申公巫臣本名屈巫臣，因為曾封於「申」（河南南陽），故稱申公。巫臣原來是楚人，從楚國逃到晉國，再由晉國至吳國，其間有一段曲折的過程。

在周定王九（西元前五九八）年，楚莊王討伐陳國（今河南省淮陽縣一帶），因為陳國國君靈公是個荒淫之君，他與大夫孔寧、儀行父三人均與當時美女夏姬私通，夏姬之子夏徵舒，早已怒在心裡；有一次靈公和孔寧、儀行父一同到夏姬家中吃飯，席間放蕩形骸，靈公開玩笑地說：「夏徵舒長得很像二位。」孔寧、儀行父也開玩笑說：「看起來也像靈公。」

夏徵舒在旁聽得怒火中燒，便持弓箭等在馬廄門邊，等陳靈公離開時，一箭射殺，孔寧和儀行父則乘亂逃到楚國。當時陳國形同楚之保護國，楚莊王正好找到夏徵舒弒君的藉口，滅了陳國，併陳為郡縣，陳國就此滅亡。

楚滅陳之後，找到禍首夏姬，很想納為嬪妃，這時巫臣極力勸阻，認為有失體統。因為夏姬十分美豔，楚國大將子反想娶她，楚莊王已經答應了，但是巫臣仍是反對，批評夏姬是不祥之人，結果子反也落空了；最後楚莊王把夏姬賜給了連尹襄老。其實，巫臣自己暗戀夏姬，只是難以開口，楚莊王把夏姬賜給襄老，巫臣自然十分失望。

第二年，楚國與晉國交戰於「邲」（河南鄭縣一帶），連尹襄老在這一役中陣亡，但是屍首被晉軍擄去。巫臣一看，接近夏姬的機會來了，便乘機和她私通款曲，先叫夏姬以接回連尹襄老屍體的名義到鄭國，自己再以出使齊國的機會至鄭國和夏姬相會，一同私奔至晉國，晉國居然也接納了他，並且還封他為邢邑大夫。

巫臣、夏姬私奔的事揭穿之後，原來想娶夏姬的子反，不由大怒，再加上以前曾因爭封地而與巫臣交惡的大夫子重，一同遷怒於巫臣尚留在楚國的族人，把巫臣之族人都殺了，於是巫臣在憤恨之餘，立下誓言，要使楚國疲於奔命。所以他建議當時晉國的國君景公，結納南方新興的吳國，以吳制楚；晉景公在新敗於邲之後，正愁沒法對付楚，便一口答應

這項建議，命巫臣出使吳國。吳國的壽夢也正想發展自己的力量，自然一拍即合，於是巫臣便回晉報命，然後帶著晉國之「乘之一偏兩之一卒」，到吳國教授乘車、御射、戰陣之法。春秋時代的兵制，「一偏」是九乘戰車，「一卒」是一百二十五人，這大概是示範部隊，用以教授吳人作戰。

不僅如此，巫臣還帶自己的兒子屈狐庸至吳，吳國任命為「行人」（外交官）；這是吳首次任用外人為卿；狐庸的任務是遊說江漢一帶的夷族、小國，使之叛楚歸吳，這些夷族小國，素受楚國之兵威壓力，一旦有吳國出頭，自樂於從命，於是在申公巫臣之策劃之下，吳、楚之間展開了七十餘年的爭戰。

三、楚國勢力的擴張與衰頽

楚人起於熊耳山，楚之祖先均以熊為名，直到春秋初期仍是如此，如楚武王名熊通，楚文王名熊貲（ㄗ zī）。熊耳山南麓為丹江流域，丹江南流注於漢水，由熊耳山南進，到江、漢之間的荊山，楚人早期的活動就在這一帶，所以楚亦稱荊楚。《史記》楚世家稱：

「楚之先世，出身帝顓頊高陽。」周王室建立後，始祖鬻（ㄩˋ yù）熊曾受封於丹陽（湖北秭歸縣東），在長江三峽區域，然後逐漸兼併鄂西黎苗各部落，到楚文王熊貲之時，遷都郢（湖北江陵縣），楚國的力量開始強大，滅申（河南南陽）、滅息（河南息縣）、滅鄧（河南鄧縣）、伐蔡（河南上蔡），在地理形勢上已占了中原南部的邊緣地帶，楚國可以由襄陽、南陽，直逼洛陽，儼然有問鼎中原之志。楚文王之後的成王熊惲（ㄩㄣˋ yùn），即循此一路線用兵北上，與齊桓公盟於召陵，與晉公文戰於城濮，結果都未能遂其北進之願，於是楚轉而向東發展。

楚成王享國四十六年，子商臣繼位稱穆王，穆王之後即是莊王，這兩代之間，楚國採東進之政策，先後消滅了江（河南正陽縣）、黃（河南光山縣）、蓼（安徽霍邱縣）、六（安徽六安縣）、英（湖北英山縣）、舒（安徽舒城縣）、庸（湖北竹山縣）等幾十個小國及部族。楚國的勢力進入淮河流域，與長江下游之吳國發生接觸，因而潛伏了吳楚爭戰的種子。

楚莊王是雄鷙之君，在位二十三年，曾觀兵周疆，問鼎之小大輕重；伐鄭、伐宋、滅陳、大敗晉軍於邲，成就其霸業。不過，晉國的景公也是有為之王，滅狄、拒秦、敗齊，重整晉國的聲勢，但是晉連年征戰，楚勢又強，只能維持不分上下的局面。楚莊王之後是

楚共王，共王十六年時，楚與晉又在鄢陵（河南鄢陵縣）大戰一場，楚軍大敗，楚將子反自殺。楚共王之後，有康王、靈王、平王，都是共王之子，楚國自康王以後，國勢日衰，一方面是因為康王十四（西元前五四六）年，晉楚弭兵之會，南北分霸，兵端暫息，武備鬆弛；另一方面康、靈、平三王均非才略之君，吳國得以乘勢而起，成為心腹之患。

四、吳、楚初期之爭戰

吳、楚之間的第一戰是發生在周簡王二（晉景公十六、楚共王七、吳王壽夢二、西元前五八四）年。吳兵在申公巫臣訓練之下，以新銳之師進軍徐國（今安徽省宿縣北），這時正當楚國用兵於鄭國，無力東顧，吳王壽夢乘破徐之鋒，再進兵州來（安徽省鳳台縣），楚軍立即自鄭郊分兵來救，但是已經來不及了；另一方面，鄭國也乘楚軍力量分散，全力反攻，獲得大勝。楚國第一次受到吳軍的侵入，吳國的勢力也是第一次進入淮河流域，更重要的是，中原諸國對初次作戰之吳軍，竟能擊敗強楚，不由刮目相看，吳國之國際地位立即提高，成為東方新興力量，也是中原諸國所寄望於牽制楚國的助力。

周簡王十（晉厲公五、楚共王十五、吳王壽夢十、西元前五七六）年冬。晉國召集魯、齊、宋、衛、鄭、邾（ㄓㄨ jū）等國，與吳王會盟於鍾離（今安徽省鳳陽縣東北），吳國等於正式加入了中原聯盟，而中原諸國也等於正式承認吳國的國際地位。次年，晉楚大戰於鄢陵，楚兵大敗，吳軍便乘機奪取淮河流域一帶的巢（安徽省巢縣）、駕（安徽蕪湖）、釐（安徽無為）、虺（ㄏㄨㄟˇ huǐ，安徽繁昌）等地。這兩次爭戰，吳軍都是乘楚不暇東顧時，乘機在後面扯腿，認真說來，吳國的力量還沒有大到可以威脅楚的地步，吳人善水戰，楚人善陸戰，楚軍傾力進迫，吳人即乘舟順流而去，因此楚國始終無可奈何。鄢陵之戰大敗後，楚國決心要除掉這個心腹大患，於是大造舟船，編練水師，準備伐吳。

周靈王二（晉悼公三、楚共王二十一、吳王壽夢十六、西元前五七〇）年，楚軍積多年準備，以令尹嬰齊（即子重）帥水師順流東下，直入衡山（今江蘇省江寧縣西南），不料吳軍水陸並進，切斷楚軍中軍，楚軍大敗而回，子重在這一役中發病而死。這一次吳、楚衡山之役是有規模的大戰役，與以往的小接觸不同，吳軍的戰力在這一役中充分表現出來。

衡山之役後，吳人侵楚不斷，但是並沒有大規模的戰事出現。周靈王十二（晉悼公十三、楚共王三十一）年，吳王壽夢死，長子諸樊立。這一年秋天，楚共王也去世，子康王

立，吳國曾乘共王之喪侵楚，但是兵敗失利，吳國的公子黨在這次作戰中，被楚軍俘虜。

第二年，即西元前五五九年，乘去年新勝之銳氣，由楚令尹子囊統軍，一直深入到棠（江蘇省六合縣），但是吳軍這一次堅守不出，楚軍大掠之後回師，退軍時，子囊親自斷後，以為吳人不敢出戰；不料到皋舟（安徽合肥至六安一帶山區）的隘道時，受吳之伏兵攻擊，楚軍前後不能相救，又是大敗，楚公子宜穀成為俘虜，主帥子囊自殺身死，是為「皋舟之役」。子囊在臨死前，曾留下遺言說：「必城郢，以備吳。」這是楚國人開始覺得吳人難制，應該築城防禦，採取守勢；其後十餘年間，楚康王即採堅守不出的政策，以培養國力，吳、楚保持相安無事的局面。

五、吳、楚中期之爭戰

周靈王二十四（楚康王十二、吳王諸樊十三、西元前五四八）年秋天，楚人因為舒鳩（安徽舒城縣）叛楚投吳，所以由令尹子木帥軍征討，到離城（在舒城縣西北）時，吳軍來襲，切斷楚軍的前後連絡。楚軍右師在前，左師在後，吳軍占據中間地區七日之久，

左師主將子疆便率軍向前誘敵，後以精兵埋伏，吳軍果然陷入伏陣，大敗而退。同年十二月，吳王諸樊為報此役失敗之仇，親自統軍攻楚，兵臨巢城（安徽巢縣），楚人在城內設埋伏，諸樊輕敵躁進，中箭而死，吳軍退兵。

諸樊死後，由其弟餘祭繼立，準備三年，行將大舉伐侵楚之時，被刺身死，再由其弟夷昧繼立。其後，齊國叛臣慶封逃到吳國，吳王夷昧收容了他，並且安置在朱方（今江蘇省丹徒縣），楚國當時已是靈王在位，藉這個機會聯合諸侯蔡、陳、許、頓、胡、沈、淮夷等，攻入朱方，殺叛臣慶封，吳人因聯軍勢力頗大，不敢迎戰。但是同年冬天，吳軍趁聯軍撤退後，又侵入棘（河南省永城縣）、櫟（ㄌㄧˋ lì，河南省新蔡縣）、麻（安徽省六安縣西南）一帶。

第二年，即周景王八（楚靈王四、吳王夷昧七、西元前五三七）年，楚國又聯合蔡、陳、許、頓、沈、徐、越等國，大舉伐吳，這是越國出現在《春秋》經傳上的首次記錄，吳國雖用突襲的方式擊敗聯軍，但是吳、越自此結怨，種下覆亡的種。楚國也開始效法晉景公、中公巫臣的策略，在吳國側背埋伏一個敵人。

此外，楚國自靈王起，在東方國境線上擇要點築城，如派箴尹宜築鍾離城、薳（ㄨㄟˇ wěi）啟疆築巢城、然丹築州來城（安徽省鳳台縣）以抵禦吳人，楚國在淮河流域這一線

上，全面採取守勢，雖有小規模的接觸，但自楚靈王四年後，雙方均無越境大舉入侵的活動。

六、吳、楚後期之爭戰

楚靈王十二（吳王夷昧十五、西元前五二九）年，楚令尹棄疾弒靈王自立，是為楚平王。兩年後，吳王夷昧卒，其子僚繼位；依照當年吳王壽夢的意思，希望把王位由長子、次子、三子傳到四子季札的手上，夷昧死後，當由季札登位。但是季札堅持不受，吳人便以夷昧之子僚為吳王。這種繼承順序，引起諸樊之子光的不快，因為照理論上說，光是長孫，應繼王位，所以埋下後來專諸刺僚的遠因。光長於戰陣，西元前五二五年，與楚軍戰於長岸（今當塗縣西江中），這一次是以水師為主，楚軍先勝，奪走了吳國最大的戰船「餘皇」，公子光乃乘夜突擊，又奪回「餘皇」，楚軍敗走，公子光在這一戰中聲名大振。

長岸之役後，五年之間吳楚未興兵交戰，周敬王元（西元前五一九）年，吳王僚、公子光率吳兵大舉侵楚，吳、楚之間的大戰又開始了。楚平王聞吳軍進攻，便約集頓、胡、沈、蔡、陳、許六國之軍與楚軍會師雞父（河南固始縣東南），聯軍統帥是楚令尹陽匄（ㄍㄞˋ gài），但是陽匄正身患重病，由司馬薳越代理指揮，不料在會戰未開始前，令尹陽匄病亡，薳越之資望又淺，不能指揮聯軍，於是決議退兵。吳軍見楚不戰而退，便率軍追擊，選擇月晦無光之日，先攻沈、胡、陳三國軍隊，使之大亂，再攻許、蔡、頓軍隊，使之亦亂，楚軍不及列陣，即被亂軍衝散，吳軍乘勝掩殺，楚軍大敗，是為「雞父之役」。

雞父之役，吳軍以一國之力，敗楚七國聯軍，聲威大振，不過最大的收穫是控制了雞父一帶的要衝地區，掌握了淮河流域。雞父在淮河上游，是大別山西北麓的戰略要地，楚人據雞父則可以由大別山直出淮河流域，現在吳人占雞父，則可進入大別山區，直逼楚國心臟地帶，日後吳師攻入楚之郢都，即由這條路線用兵。

雞父大敗後，楚以子常為令尹，子常即子囊之孫，他牢記祖父之訓誡：「必城郢，以備吳。」乃在郢都之南築新城，以求固守。自此之後，楚國勢日衰，只有固守備吳，而吳國也因為楚以大別山、桐柏山天險，無法深入，雙方又呈對峙狀態，沒有重大戰役發生。

不過雞父之役後四年，即吳王僚十二年，公子光使專諸刺殺吳王僚，自立為王，是為吳王闔廬。闔廬繼位後，任用了自楚逃亡前來的伍員，及伍員推薦的孫武，埋首練兵、積極準備伐楚。伍員、孫武建議闔廬分軍為三，輪番騷擾楚軍，敵進我退，敵退我進，使楚

軍疲於奔命，然後在闔廬九（楚昭王十、西元前五〇六）年時，揮軍攻入楚之郢都，一舉消滅楚國的勢力，結束吳、楚長期的爭戰。計自西元前五八四年，吳王壽夢首次與楚交兵以來，至西元前五〇六年伐楚入郢為止，吳、楚之間的戰爭長達七十餘年。

這七十餘年征戰之中，以入郢之戰規模最大，籌劃最久，也是最後決定性的一戰。這一戰應以伍員和孫武二人為首功，伍員在政略安排上遠慮深謀，孫武在軍事上運籌帷幄。自吳境發兵，經千里之遙，攻入郢都，這是春秋時代所未有的戰例，也只有像孫子這樣的兵學大師，才能用非常之兵、入非常之地、成非常之功！

第三章　孫子、伍員、闔廬的三角關係

一、伍員奔吳

伍員，字子胥，父為伍奢，先祖伍舉在楚莊王時以耿直忠諫出名，所以伍員的家族在楚國是世卿之家。楚平王時，伍奢與費無忌共同襄助太子建，伍奢是太傅，費無忌是少傅；但是費無忌並不忠於太子建，時常想討好楚平王。適逢平王為太子完婚，命費無忌至秦國迎娶孟嬴，無忌回楚後向平王誇讚孟嬴的美貌，並慫恿平王納入後宮，而楚平王居然照著做了，另外以齊女匹配太子。

這件事宣揚開了之後，諸侯各國傳為笑柄，父子之間也頗有隔閡，為了避免朝夕相見，楚平王派太子建到邊境守備。至於費無忌則因為這件事，受到平王的寵信；但是他又很擔心幹了這種背理亂倫的壞事，將來會受到太子建的報復，於是不斷在平王面前進讒太子謀反。本來平王就是殺了楚靈王後篡位的，自不免有所疑懼，於是擒太子太傅伍奢審問，再派人殺太子，太子建便亡命宋國。伍奢被囚禁後，平王又恐怕他的兩個兒子伍尚、伍員成為後患，要伍奢召來一併誅殺，結果伍尚回來與伍奢同遭殺害，伍員則乘機逃亡，誓言復仇。

當楚平王命伍奢召喚尚、員二子時，伍奢說：「伍尚為人忠厚，叫他來，一定會來；伍員為人剛烈，是做大事的材料，他預見到來了後會一同被擒，勢必不會前來。」知子莫如父，伍員的性格是堅忍強悍、恩怨分明，伍尚則是忠厚柔懦。

《史記》上記載兄弟間的對話中，便可以看出來兩人的差異，伍員說：「兩個兒子都回去，父子必定一同被殺害，對父親又有什麼幫助呢？去了，只是一死而不能報仇，倒不如逃走他國，借力雪恥，像這樣一同受死，我是不會幹的。」

伍尚則說：「我知道去了並不能保全父命，但是我擔心為求保全自己而違背父命，往後又沒有能力為父雪恥，會受天下人恥笑。」伍員想到的是同死無益於事，非想辦法報仇不可；伍尚則害怕逃走之後，如果報不了仇，為天下恥笑，兄弟二人的個性很清楚地刻劃出來。所以當伍奢聽說伍員逃亡之後，表示：「楚國君臣且苦兵矣！」實在是一句預言，十六年後，伍員率吳國之軍，入楚破郢，挖出楚平王棺木，鞭屍三百洩憤，真是驗而不爽，而伍員剛烈堅忍的性格也顯露無遺。

伍員逃亡之後，先到宋國投奔太子建，正逢宋國內亂，世卿華亥、向寧、華定等與宋君互戰，楚平王派薳越率軍來救，太子建、伍員聽說楚軍將到，便離宋奔鄭。當時鄭定公與晉交盟，共同抵制楚國，所以對伍員等頗為禮遇，但是鄭國介於晉、楚之間，自顧不暇，沒有抗楚能力，所以勸太子建至晉求援。太子建果然到晉國見晉頃公，頃公則對太子建說：「太子既善鄭，鄭信太子，太子能為我內應，而我攻其外，滅鄭必矣，滅鄭而封太子。」太子建居然相信這個提議，回鄭國策劃內應的事，結果事機不密，鄭國立即殺了太子建，伍員則逃離鄭國。

逃亡在外的這一段時間，使伍員體會到中原諸國的不可恃，秦、齊距楚遙遠，晉國又未必真心幫助，而且晉自弭兵會後，無力與楚軍爭勝，僅維持一個中原盟主的空架子而已，只有南方新興勢力的吳國，與楚世仇，軍力強盛，可以投奔，於是伍員由鄭奔吳。

由鄭國到吳國是一段漫長的路途，鄭在河南新鄭一帶，沿潁水而下，要經過淮河流域，

才能渡長江到吳國，而淮河流域一帶，有許多地區是楚的勢力範圍，像鍾離、巢城都是楚軍據守之地；尤其巢城東北小峴山的昭關為必經要道，據說伍員過昭關時，曾一夜之間黑髮變白。因為楚追索甚急，伍員幾乎被執，《史記》有記載說：「伍胥未至吳而疾，止中道，乞食。」旅途之艱險困難，心情之煎熬可以想見。（《史記．伍子胥列傳》）

伍員到達吳國是吳王僚五（西元前五二二）年。謁見吳王僚，伍員曾提出伐楚的要求，但是受到公子光的反對，公子光在吳王僚面前批評伍員欲借吳之力報私仇，吳王僚聽了公子光的話，沒有用伍員，伍員遂在吳國闢地耕田，變為在野布衣。

吳與楚既為世仇，公子光何以反對伍員的建議呢？況且在伍員投奔吳國的第三年，吳、楚交戰於雞父，楚軍大敗；在伍員來吳的前兩年，吳、楚也曾戰於長岸，公子光即在此役中聲名大振；由此可見公子光之反對伐楚，必別有內情。《吳越春秋》上說：「恐子胥前親於王，而害其謀，因讒伍胥之諫。」大概是可信的，公子光早有弒僚自立的雄心，對伍員這樣的人才，自然有幾分顧忌，不希望他忠於吳王僚，而妨礙到自己奪取王位的計劃。伍員也看出公子光的用心，所以說：「彼光有內志（心中另有打算），未可說以外事。」於是表面退耕於野，暗中依附公子光。

二、伍員與闔廬

伍員至吳後，看出公子光的用心，所以退而依附光，替他安排篡奪王位的計劃。當時吳王僚所信任的三位公子：慶忌、掩餘、燭庸均各掌兵權，因此要公然興兵篡位，似無可能，因此只有待機行刺的方法較為可行。因此伍員向公子光推薦勇士專諸，密謀行刺，另一方面，也尋訪賢能延攬人才，一代兵學大師孫武可能就在這段時間內，與伍員認識。

選定專諸為行刺吳王僚的刺客後，即精心籌劃行刺的細節。吳王僚最喜歡吃炙魚，因此為使專諸能夠接近身邊，特別派專諸到太湖邊上學習炙魚的方法，經三個月的訓練，手藝非凡，於是安排專諸在府中，待命行動。但是自吳王僚五年，伍員奔吳起，幾年之間沒有行動，主要是因為慶忌、掩餘、燭庸圍繞左右，難以下手。直到吳王僚十一年，楚平王卒，遺令由秦女孟嬴所生之子軫（ㄓㄣˇ zhěn）繼立，是為楚昭王，當時昭王年尚幼，由令尹囊瓦主國；次年，吳乘楚國新喪，國內政局不穩之時，準備進攻楚國，伍員便向公子光建議乘此良機，除去吳王僚。

吳王僚十二年，吳國以掩餘、燭庸為將，圍楚之潛邑（今安徽省霍縣東北），潛邑大夫堅守不出，楚派左司馬沈尹戌由陸路救援，另由左尹郤宛率水師由水路絕其後，於是掩餘、燭庸阻於潛邑，進退兩難。另一方面，吳王僚派季札出使晉國，派慶忌往鄭、衛，國內空虛，公子光便暗中埋伏人馬於密室之中，請吳王僚過府飲宴。僚之心中亦有警覺，所以身披三重皮甲，堂階布滿衛士，自以為萬全無懼。

酒宴之中，庖人進食均由甲士搜身，然後由兩排衛士把庖人挾持在中間，趨前奉上後退下，行刺機會極小。但是公子光早已準備一口「魚腸劍」，名雖為劍，實際是短狹的匕首，專諸把魚腸劍放在炙魚腹中，甲士搜身自無從查出。公子光在舉觴為壽後，即偽稱足傷，須用大帛纏繞，退席而出。專諸隨即在甲士環繞之中，奉上炙魚。等到趨行至吳王僚面前時，突然自魚腹之中抽出「魚腸劍」，躍起直刺，貫穿三重皮甲，沒入胸中，吳王僚立刻身亡；四面甲士一湧而上，把專諸殺死，堂階一片混亂。這時公子光發密室中伏兵，與吳王僚衛士交戰，盡予殺散，然後升車入朝，自立為王，是為闔廬，並且封專諸之子專毅為上卿。

闔廬自立後，掩餘、燭庸棄吳軍而逃，掩餘投奔徐國，燭庸則先奔鍾吾，隨後投降楚國，楚國派他守舒城。至於慶忌，則停留鄭、衛之間，謀約集諸侯之力復國。闔廬對於慶

忌非常不放心，因為慶忌勇武過人，又是吳王僚之子，恐為後患。於是伍員又推薦刺客要離，要離身軀短小，貌不驚人，但是智勇非常，能忍人所不能。

為了潛入慶忌之側，先故意在朝中冒犯闔廬，囚之於獄中，並且折斷要離右手，然後暗中放要離逃走，再以脫逃之罪，殺了要離的妻兒。要離逃至慶忌之處，慶忌看見要離右臂已經折斷，又聽說他的妻兒遭殺害，自然深信不疑，留在左右。

過了不久，慶忌招募人馬渡江，準備伐吳，舟至中流，要離看準機會，用矛自後直刺入慶忌之背，貫穿前胸，慶忌不愧為勇士，回身擒住要離，把他的頭溺於水中，左右立刻要殺要離，慶忌搖手阻止說：「這是勇士，豈可一日之內殺天下二勇士乎！」反手拔出長矛，血流如注而死。舟抵吳國，左右放要離歸國，但是要離說：「犧牲妻兒事君，不仁；為新王而殺故王之子，不義。」遂奪劍自刎而死。

弒吳王僚、刺殺慶忌，都出自伍員的策劃，所以闔廬即位後，自然依為股肱，安排伐楚大計，而伍員奔吳的目的也是藉此報仇。雖然當時楚平王已死，但是伍員對楚國的怨恨並未消除，加上楚國令尹囊瓦殺了大將伯郤宛，其子伯嚭亦逃到吳國，吳王伐楚的意念更形堅定。

三、孫子與伍員

吳、楚雖為世仇，但是自壽夢為王，與楚國爭戰以來，六十餘年之間，作戰地區不出淮河流域的範圍，吳軍雖強，始終無法越桐柏山、大別山一線，進入楚國國境；闔廬繼位之前，吳國諸王也似乎無意深入楚境。自伍員奔吳後，吳國才開始考慮長驅入楚的可能性。但是自吳國發兵攻楚，相距千里之遙，這是深入客地的遠征作戰，與一般交兵不同，非要一個深通韜略的軍事專家不可，於是伍員又向闔廬推薦了孫子。

孫子與伍員相交於何時，已經無可考證，不過大概在伍員為闔廬陰蓄死士的這一段時間，即吳王僚五年至十二年間，像專諸、要離等都是經過伍員的查訪、考核、選拔出來，擔任重要任務的。由《吳越春秋》上記載的，伍員曾七次推薦孫子來看，孫子在當時並不出名，所以世人鮮知，才會有闔廬面試，以宮中女侍為陣操演的一幕出現。假如孫子早具聲名的話，闔廬斷不致測試之後，才予錄用，《吳越春秋》說：「孫子者，名武，吳人也，善為兵法，僻隱深居，世莫能知其能。」則孫子是在吳國的隱者，當無疑問。

闔廬所需要的是一名能運籌帷幄，決勝千里之外的大軍統帥，尤其對遠征計劃要有深入之研究，因此闔廬讀過孫子的十三篇兵法後，不覺口之稱善，其意大悅。十三篇中，論地形之處最多，如〈軍爭〉、〈九變〉、〈行軍〉、〈地形〉、〈九地〉等篇多為討論戰略、戰術地形之利用，特別對於客地作戰部分，闡述最多，自然深合闔廬之脾胃；或者，孫子可能是專為遠征作戰而寫的，亦未可知。

吳國伐楚為空國而出的遠征作戰，因此必須預防可能的後患，所以將都城重行擴建，在姑蘇山東北三十里造築大城，大城之南復築小城，大城周圍四十二里又三十步，開水陸城門各八，使居民遷居其中；小城周圍八里又二百六十步，開南、北、西三門，唯東門不開，以表示斷絕越之光明。可見築城主要是防止越人來襲，另外再在鳳凰山之南，築南武城，做為抵禦越人的前哨據點。

其次，伍員，孫子共同議定之持久消耗戰略，即重行編練吳軍，分之為三部，交互運用，以一部出擊楚軍，待楚軍集結反攻時，即刻退走；楚軍歸散時，再以第二部出擊。楚遂不得不再度集結。這時吳軍第二部退走，楚軍無法找吳軍主力決戰，只能歸散，這時吳軍再以第三部出擊，這樣長期消耗楚軍戰力，使楚國疲於奔命。

這項「三分疲楚」之策，雖出於伍員之建議，但是實際負責執行的卻是孫子。吳王闔

閭廬三年，孫子率軍北上伐鍾吾，然後揮兵攻徐國，其目的在除去躲在二地之吳國公子掩餘和燭庸。鍾吾先克服，而徐國堅守，孫子即用「防山而水之」的辦法，就是依山作堤，堵水以淹城，徐國國君章羽出降，但是掩餘和燭庸均已逃奔楚國，徐君章羽在吳軍退走後，也逃往楚國。楚國本已出兵救徐，但左司馬沈尹戌率兵前來時，吳軍已退，於是替徐君築城於夷（安徽亳縣東南），以安置徐國族人，另外再替掩餘和燭庸築城於養（安徽太和縣西）以作為牽制吳人的前衛，布署完畢後，楚軍在第二年退回。

但是楚軍一退，吳軍又出，以一部兵力攻徐君章羽所居之夷，楚軍立即出兵救夷，但吳軍避免與之接觸，移師向南，攻楚國之潛邑（安徽霍山縣東北）及六邑（安徽省六安縣），楚軍回師救援時，吳軍已退。但是退走的是吳軍第一部；第二部分吳軍立即出動，進圍楚之弦邑（今河南省光山縣），楚軍趕忙去救援時，吳軍又退走，楚人探知吳軍確實退兵後，亦班師回歸；楚軍一退，第三部分的吳軍立即突然進攻養邑，楚人救援不及，吳軍破城而入，捉住掩餘和燭庸，當場殺掉，以杜後患。

自闔廬三年十二月，孫子率軍伐鍾吾、徐國起，至闔廬四年秋，殺掩餘、燭庸止，一年的時間，吳軍在孫子的統帥之下，充分發揮其機動的能力，縱橫淮河南北，使楚軍疲於奔命，楚軍最大的錯誤是摸不透孫子的戰略目標，所以處處受制，正如孫子在〈虛實〉中所說：「知戰之地，知戰之日，則可千里而會戰；不知戰地，不知戰日，則左不能救右，右不能救左，前不能救後，後不能救前。」楚軍處處被動，吳軍處處主動，吳軍的目標是消滅掩餘、燭庸的殘餘勢力，所以分別在潛、六、弦等地吸引楚軍，等楚軍一退，立刻以迅雷不及掩耳之勢，一舉攻入養邑，誅殺掩餘、燭庸，除去心腹之患。

經此一戰後，孫子之才能極得闔廬之讚賞，闔廬頗想乘此長驅直入楚國，攻取郢都，但是孫子不贊成，說：「民勞，未可，待之。」征戰經年，士卒周旋於戰場，自需要休息，況且大別山以東，淮河流域一帶尚有少數小國及夷族未服，南面之越國又受楚國之慫恿，背後牽制，整個用兵遠征的形勢尚未造成，因此孫子反對進攻。闔廬接受了勸告，班師而回。

第二年，即闔廬五年夏，吳軍以越國不追隨吳伐楚為名，進兵越疆，與越王允常戰於檇（ㄗㄨㄟˋ zuì）李（今江蘇省嘉興縣南），越軍大敗，臣服吳王。這是吳、越之間第一次大規模作戰，在此之前，吳、越雖有衝突，但始終沒有大戰場面出現，越國大體上都是臣服吳國，這次檇李之役，闔廬主要在警告越國，不得妄動，以鞏固其後方，做遠征楚國之先期布署。

就伍員自吳王僚五年，自楚奔吳後，到闔廬五年進兵越疆止，吳國的形勢逐漸改變，這種改變是由伍員所一手策劃，他幫助闔廬弒君篡位，使得伐楚的計劃能夠實現；但是千

里長征，非賴深通韜略的將帥不可，因此請出孫子，做為運籌帷幄之主，所以闔廬、伍員、孫子的三角關係中，以伍員為中心，他是真正居中撮合的人。

就闔廬而言，伍員能謀，更能招募死士專諸、要離之輩，殺吳王僚、殺慶忌，是可以共大事的人，而且吳、楚為世仇，一旦滅楚入郢，可以成霸王之業，所以重用伍員。就伍員而言，出奔楚國時，天下無可容身之處，鄭、宋自顧不暇，齊、晉大國又無意接納，而且中原諸夏本來就歧視楚人，不得不入吳觀望。闔廬既能成大事，伍員自傾力襄助，用盡一切手段，幫助他奪取王位，杜絕後患，成就霸業。

孫子與闔廬的關係就不同了，他不像伍員一樣參與機要，而且就歷史記載來看，亦並不十分得闔廬之歡心。他原是隱者，之所以出來統軍，主要由於伍員之力薦，而且他的地位在伍員之下，與闔廬之關係必然十分疏遠，伍員力薦孫子時說：「今大王虔心思士，欲興兵戈以誅暴楚，以霸天下而威諸侯，非孫武之將，而誰能涉淮踰泗，越千里而戰乎！」可見主要是為了孫子有軍事長才，為了遠征楚國，才重用孫子為將。孫子之甘為所用，多半為了伍員的知遇，也可能藉此實踐其軍事理論，但是他沒有政治上的企圖和野心，卻是可以確定的。吳軍伐楚入郢，大事完成之後，立刻飄然遠去，重度其隱居生涯，在這三人之中，他是最高明的一個。

第四章　孫子輝煌的一戰

一、大戰前的準備

自伍員、孫子共同制定及執行「三分疲楚」的戰略後，楚國深受其苦。吳王闔盧三年時，就想用兵入楚疆，但是為孫子所勸阻。孫子考慮軍旅戰力未足，而且戰前的形勢安排未成，不宜用兵深入，因此仍然採取長期消耗的辦法，所以自闔盧三年之後，無歲不有吳師，楚國確已擾亂至精疲力竭的地步。吳軍則一面攪擾牽制，一面又乘楚軍不備時，奪取重要據點。其最大的收獲是「豫章之役」，豫章在漢江、淮水之間，即光州與壽州之間，是大別山區的出入孔道。

吳王闔廬七年，吳人先引誘桐國（今安徽省桐城縣）叛楚，再利用舒鳩（安徽省舒城縣）人密報楚國，說吳國誘使桐人反叛，留下軍旅防守，但是兵力不強，可以乘機襲取。同時還建議楚軍水路、陸路並進，以水師迎戰，以陸軍斷其後路。楚令尹囊瓦居然採用此一建議，在這一年秋天出兵攻吳。

楚令尹囊瓦率水軍，公子繁率陸軍，水陸並進。不料吳人早知其作戰布署，先虛放舟船溯江而上，牽制楚國水師；再以陸軍埋伏舒鳩附近，公子繁之楚軍中伏大敗，逃到巢邑。吳人再以得勝之軍攻囊瓦水師，搶到楚人舟船，囊瓦敗逃，然後吳軍圍攻巢邑，捉住公子繁而歸。這一役之後，大別山麓以東，漢水、淮河一帶，全為吳國所有，各小國及東夷部落全部臣服，只要越過桐柏山、大別山，就可深入楚境了。

第二年，楚之屬國唐、蔡叛楚，而引起北方諸侯會盟。唐之國君唐成公，蔡之國君蔡昭侯，原來都臣屬楚，以楚為霸主，兩位國君來朝時，蔡侯有二佩二裘，以一佩一裘獻楚昭王，另一佩裘自用。但是令尹囊瓦見佩、裘俱為極品，向蔡侯索取，蔡侯不允，囊瓦便扣留在楚，不准蔡侯回歸。唐成公入朝時，駕車雙馬為「肅霜」名種，囊瓦也想得到，唐成公不允，同樣也扣留在楚。唐、蔡兩君在楚三年不得回國，於是左右私下盜馬獻給囊

瓦，囊瓦就先放了唐成公；蔡侯看見唐成公已回國，便獻出佩、裘，也被釋放歸國。蔡侯歸國後，怒氣填胸，矢志謀楚，於是奔走列國之間，並以世子元押在晉國為質，要借兵伐楚。晉定公且訴告周天子，於是在次年大會諸侯，準備與楚一戰。

闔廬九年三月，晉、宋、蔡、衛、陳、鄭、許、曹、莒、邾、頓、胡、滕、薛、杞、齊、小邾、以及周天子之卿士劉卷，會於召陵（河南省郾城縣），準備進軍，但是主帥是晉國士鞅，優柔寡斷，各路諸侯又各懷貳志，所以擾攘一陣便各自退兵，會盟便無疾而終。蔡侯自然大失所望，引軍回國時，經過沈國（今河南省汝南縣東南及安徽省阜陽縣西北一帶）時，因為怨憤沈不會盟，就襲擊沈國，擄其君而殺之。這件事激起楚國之怒，興師伐蔡，包圍蔡邑，於是蔡昭侯看晉國不可恃，轉向吳國求援，願意以次子乾為質，請吳王闔廬出兵，於是吳國伐楚入郢的機會終於來到了。

二、作戰計劃

蔡侯求援的消息傳到，吳王闔廬便召伍員、孫子商議，闔廬說：「當初你們說還不能

伐楚，現在的情形如何？」

伍員、孫子回答說：「楚國主政的囊瓦，為人貪婪，唐、蔡都深為怨恨，君王如決定要攻楚，可以先結納唐、蔡兩國。」

於是闔廬下決心「大伐」（大舉進兵），一面派使者通告唐、蔡，並徵調兩國之軍；一面拜孫子為大將，伍員、伯嚭為副，闔廬之弟夫概為先鋒；另外以公子波留守都城以備越國，傾全國之兵，出發攻楚。

吳軍在孫子籌劃之下，其作戰計劃是分兩路進兵，南路一軍是主力，由潛邑越過大別山區，經峻山密林之地，由柏舉（湖北省麻城縣）進入漢水地區。北路一軍乘舟渡淮水，在淮汭（安徽霍縣）一帶捨舟登陸，先行救蔡，再會同蔡國之軍，越大隧（河南與湖北交界之大勝關）、直轅（武勝關）、冥阨（平靖關）三隘口，進入漢水地區，以與南路軍會合，然後進入郢都。

至於楚軍之作戰，並沒有預定計劃，令尹囊瓦見吳軍救蔡，便解蔡之圍而退兵，並且向楚王告急，楚昭王即派沈尹戍率軍支援，沈尹戍來到後與囊瓦商議，由囊瓦率主力在漢水西岸採取守勢，沈尹戍自己則快速繞道至淮汭一帶破壞吳軍留下的舟船，然後退到大隧、直轅、冥阨三隘口，塞住吳軍去路，成包夾形勢，再由囊瓦以主力南北夾擊。沈尹戍

之計劃是以吳人捨舟登陸，必然是以步兵為主，行動速度慢，所以計算行程必能搶在吳人之前，控制大隧、直轅、冥阨三隘口。而且楚軍也不清楚吳兵南路已進入大別山區，以為北路軍是主力，所以整個戰術布署上完全是被動狀態。

就地理形勢而言，楚國占其地利，吳軍伐楚只有四條路線可供取捨，一是溯長江而上，直達郢都；二是由灊、六、鷄父等大別山隘口入山，由柏舉一帶出大別山，進入江漢平原；三是由淮河西上，經桐柏山、大別山之間的大隧、直轅、冥阨三隘口，渡漢水，入郢都；四是渡淮河，經陳、蔡，取道申、呂（河南南陽），入襄陽，直達江漢一帶。這四條伐楚的路線，第一條溯江而上，雖然便捷，但是水師力量有限，不解決楚國陸軍，隨時有被切斷後路之可能。第四條路線需要繞道楚國北方，而楚國為對付中原諸國，常屯重兵於北方，而且借道陳、蔡、申、呂諸國，軍旅難以保持其隱密行蹤。所以孫子決定並採第二、三條作戰路線。

在當時而言，大別山區狉獉（ㄆㄧ ㄓㄣ pī zhēn）未闢，森木密布，是一個原始的未開發地帶，僅有少數夷族往來，因此楚國亦未在大別山區屯駐重兵防守，總以為天險難越。不料吳軍在孫子指揮之下，由不虞之道，行無人之徑，其主力部隊由灊邑（安徽霍縣東北）進入大別山區，即是採取奇襲的手段，待楚人發覺後，吳軍已至柏舉（湖北省麻城縣），倉

促應戰，自然不敵，柏舉一失，吳軍便長驅直入郢都了。沿且，越大別山入楚，是孫子早已計劃的戰略，自闔廬三年起，吳軍便不斷掃蕩潛、六、巢、鷄父、舒邑這一帶地區，務使完全掌握，楚人優勢形態已不存在，又不知依大別山布防，被吳人輕易度越，所以在交戰之前，楚國已屈居劣勢，再加上戰術失當，自然非敗不可了。

三、初期三戰

吳國依照其預定計劃，自淮、汭捨舟登陸後，快速向大隧、直轅、冥阨三隘口推進；而楚軍主帥囊瓦也照著和沈尹戌的約定，在漢水西岸列陣，不料吳軍行軍速度驚人，很快的就穿越三隘口，《呂氏春秋．孟秋紀》上說：「吳闔廬選多力者五百人，利趾（善長行走）者三千人，以為前陣，與荊楚戰，五戰五勝。」可見吳軍是選拔一批勇健士卒，突擊三隘口，先占地利，大部隊隨之而進，與楚軍隔漢水對峙。

形勢至此，若完全依照沈尹戌的計劃，囊瓦之楚軍堅守不出，待沈尹戌繞道其後，奪回三隘口，吳軍歸路切斷，仍有勝利之可能。但是兩個因素改變了囊瓦的決心，一是他聽說吳之南路一軍已度越大別山，直向柏舉而來，所以囊瓦心中不定；其次是大將武城黑及史皇均向囊瓦建議，吳軍翻山越嶺而來，其勢必然困疲，可以乘機迎擊，而且若等沈尹戍塞住三隘口夾擊，則功勞全為沈尹戍所有，於是囊瓦決定置當初夾擊計劃不顧，單獨揮軍與吳作戰。

另一方面，吳軍為誘使囊瓦移動，其北路一軍向東移動，一面與南路軍會合；囊瓦認為吳軍不渡漢水，必然因深入楚地而心怯，於是下令追擊。吳軍沿小別山退到大別山區的舉水（湖北麻城東）以東下寨，吳軍南北路已經會師，囊瓦始終以為吳之北路軍是主力，到這個時候才知道估計錯誤，但為時已晚了。

自闔廬九月出兵伐楚，到吳、楚列陣舉水，已經是十一月了，吳軍深入楚地三個月之久，南北兩路分進，會師之後，合擊的態勢已成，便開始向楚軍發動攻擊。吳軍前鋒夫概以堅木為棒，直衝楚軍，楚人未曾見過這種打法，前軍一亂，吳軍乘勢一湧而上，楚軍敗了第一仗。

其後楚軍乘黑夜來劫吳人大寨，結果反遭吳人埋伏，大敗而退，依柏舉山區一帶防守，囊瓦連敗之下，頗為煩惱。這個時候，楚昭王知道吳人已入楚疆，恐戰陣失利，派大將薳射率兵來援。薳射與囊瓦意見不合，囊瓦主張與吳軍決戰，薳射則主張依照沈尹戍的

計劃，堅守不戰，以待其塞住三隘口後會師進擊。囊瓦自認是楚之令尹，責薳射不聽號令，薳射則瞧不起囊瓦貪鄙無能，雙方便各自分開立寨，名雖互為犄角，但是相去有十餘里，正好給予吳軍各個擊破之機會。

吳軍先鋒夫概看出楚軍將帥不和，正是破楚良機，於是便以本部五千人馬，攻入囊瓦營寨，其餘主力隨之攻入，囊瓦見勢不妙，乘亂脫逃，奔往鄭國而去，大將武城黑、史皇均戰死，囊瓦這一部分楚軍全遭消滅。當囊瓦營寨受攻擊時，薳射不動，亦不救援，只是收編囊瓦殘部，重整軍容，吳軍見薳射軍嚴陣以待，也勒兵不進，雙方又各立營寨，對峙數日，初期三場作戰，暫時告一段落。

四、決定性的兩戰

薳射與吳軍對峙數日，吳軍不攻，楚軍亦不敢妄動，但是長久耗下去也不是辦法，於是薳射想到逐次後退之法，希望把兵力往後撤，等沈尹戌自北方回來會師，再做打算。於是以其子薳延先行，自己斷後，慢慢退到清發水（湖北安陸縣西之涢水）東岸，列陣以待，準備背水一戰。吳軍多主張乘勝進攻，但是夫概反對，認為困獸之鬥，徒耗戰力，待楚軍半渡時，再發動攻擊。果然，薳射見吳軍不戰，便下令渡河，楚軍渡過十分之三四的兵力時，吳人發動攻勢，楚軍到這個時候，背水列陣的氣勢已衰，士卒一心只想搶著過河，無心戀戰，軍士爭著上船，一片混亂，薳射只有棄軍而逃，被夫概一戟刺死。

已渡河之楚軍，由薳射之子薳延率領，撤退到雍澨（今湖北省京山縣。澨，音ㄕˋshì）附近，人困馬乏，正埋好鍋，煮熟了飯時，吳兵已經追到。楚軍棄食而逃，吳兵正好飽餐一頓，繼續追擊，包圍薳延之殘部，這個時候，沈尹戌的軍旅從三隘口趕來，吳軍暫退列陣，準備最後決戰。

沈尹戌本來是照計劃行事，先至河南方城一帶調取駐守北疆之楚軍，先南下至淮汭摧毀吳人舟船，再塞住大隧、直轅、冥阨三隘口，斷吳軍後路。不料吳軍先過三隘口，沿大別山麓與其南路吳軍會師，等沈尹戌得知這個消息後，中途折回，不及一個月的時間，楚軍的形勢已無可挽回了。沈尹戌趕回後，在雍澨一帶列陣，他已經看出情況不妙，所以命薳延回郢都通報楚昭王固守城池，一面下決心死戰成仁。這一戰是吳楚的最後一戰，也是規模最大的一戰，雙方都竭盡全力搏殺，沈尹戌存必死之志，所以雙方接觸時，吳軍不敵其鋒，往後稍退。

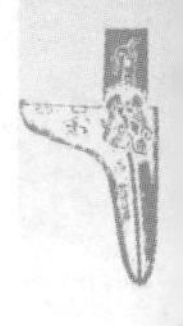

調整陣勢後，吳軍再度發動攻勢，以強弩在前，短兵在後，全力衝殺，吳軍因深入客地，唯有求勝才能生存；楚軍則身居散地，士卒思歸。雖然沈尹戌身先士卒，但是在衝殺之中，身負三創，楚軍見主帥重傷，氣勢大衰；吳軍則聲威大振，楚軍不敵敗退，沈尹戌的部將吳句卑保護他衝出重圍。這時沈尹戌已傷重臥於車中，為免被吳人擄去，便命令吳句卑割下他的首級，向楚王回報；沈尹戌一死，楚軍大亂，士無鬥志，吳軍遂獲得全面的勝利。因為這次雍澨一戰，楚國全部主力均被消滅，渡過漢水即可長驅直入郢都了，楚國的命運到此也已經決定了。

初期三戰中的前兩戰，楚帥囊瓦敗於心怯，貪而無勇，受頓挫而生膽怯。其後薳射來援，雙方又不能合作，各自為戰，這一點囊瓦固然應負責任，薳射按兵不動，眼看友軍被消滅而不救援，也難辭其咎。其後，列陣堅守，以逸待勞，原不失為良策，但是守而不能久，等不及沈尹戌的援兵趕來，就往後撤退，以致於遭吳軍半渡而擊之，一敗不可收拾。等到沈尹戌率軍趕到，楚軍的失敗形勢已難挽回，雖奮勇力戰，一鼓作氣，暫時擊退吳軍，可是再而衰、三而竭，終不能抵擋吳軍的聲威。雍澨大會戰兵敗身死，楚國無險可守，無兵可用，只有坐待吳軍圍郢都而已。

五、破楚入郢

楚軍兵敗的消息傳來，楚昭王君臣惶怖不安，國事由異母兄子西、子期決定；楚國之郢城外，另有麥城及紀南城為犄角，於是派將軍鬥巢守麥城，派將軍宋木守紀南，準備做最後頑抗。吳軍先取麥城，再決漳江之水灌入紀南城中，水勢直淹郢城之下，吳軍自山中砍竹造筏，乘水直攻郢城。楚昭王看麥城與紀南均失，郢都早晚難守，於是棄郢而逃，楚國軍旅見國君出亡，無心守城，吳軍遂得破城而入。楚昭王十（吳王闔廬九、周敬王十四、西元前五〇六）年，這一天是十一月庚辰日。

自十一月庚午日，吳、楚戰於柏舉，破囊瓦之軍，到同月庚辰日入郢都為止，共計十日，吳軍一路追擊，戰線之長，追擊之猛，是春秋時代所未有。春秋時代的大戰，如城濮、殽、邲、鄢陵諸戰役，都是會戰於一地，決戰一日即告結束，從沒有這樣猛打猛追的，也沒有決戰十日之久的。孤軍深入敵國，轉戰千里之遙，還能發揮無比的戰力，柏舉、清發水、雍澨三戰，幾乎殲滅楚國全部軍旅，也是前所未有的戰例，若不是一代兵學

大師孫子擔任主將，吳軍不可能有如此優異之表現，無怪乎司馬遷在《史記》上稱讚說：「西破強楚，入郢，北威齊、晉，顯名諸侯，孫子與有力焉。」

郢都城破，楚昭王攜其妹季芊，由大夫鍼尹固駕舟溯江西奔。為防止吳軍追來，放出楚宮中的象群，在象的尾巴上繫住火把，縱之向吳軍奔去，遂得以脫逃。這個以火驅獸奔敵的方法，也是歷史上的第一次，百餘年後的田單「火牛陣」，極可能是以此次「火象陣」為藍本。

吳軍入郢之後，楚國君臣各自逃散，由於倉惶逃出，家室都不及帶走，吳君臣分別住進楚君臣之宮府，《左傳》上說：「以班處宮。」即是吳王入楚王之宮，吳大夫入楚大夫之府，吳諸將入楚諸將之舍，其餘吳軍亦乘機大肆搶掠，郢都寶貨財物盡為吳軍所有。吳先鋒夫概與公子山為爭奪囊瓦之宮府，幾乎互相用兵攻戰，可見吳人入郢後之種種暴行。

孫子對吳軍之行為自不贊同，曾苦勸吳王，但是吳王不聽，一心貪戀楚國之宮室美女及寶貨財帛，占據郢城九個月之久。但是，楚國雖敗，在這一段時間中，卻沒有一個楚國臣子投降吳國。吳軍雖強，能破楚而不能治楚，最後不得不退回吳疆。楚之君臣在這一次的表現，還是有相當的氣節。

吳軍入郢後另一件大事是伍員報仇，伍員之世仇楚平王在吳軍入郢時，已死去十年之

久，但是伍員之積恨難消，找出平王之棺，拽出屍身，鞭屍三百。

伍員這種報仇之手段，逾出常情，為當時人所不諒解，所以楚大夫申包胥使人對伍員說：「你的報仇手段，不覺得太過分了嗎？你曾是楚平王的臣子，侍奉過平王，現在竟做出毀屍侮辱之事，豈是合乎道理的做法呢？」

伍員聽到後說：「日暮路遠，就算我是倒行而逆施之於道好了。」可見伍員在當時已經達到瘋狂之狀態，司馬遷在《史記》上說：「怨毒之與人，甚矣哉！」一切禮法約束都不在伍員眼下，申包胥的勸告當然是聽不進去的，於是申包胥北上秦國，請兵救楚。

六、申包胥乞師救楚

申包胥，姓公孫，因為曾受封於申，所以叫申包胥。在伍員沒有出奔楚國前，兩人是至交好友，伍員逃亡之時，曾對包胥立誓滅楚，申包胥說：「子能覆楚，吾必存楚；子能危楚，吾必能安楚。」十餘年後，伍員帶著楚軍打入郢都，楚國已在覆亡之邊緣了，因此申包胥在最後勸告伍員無效後，趕赴秦國求援。

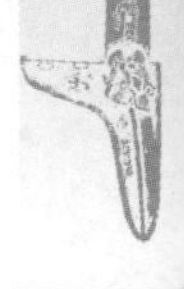

當時的秦，與楚國有姻親關係，楚昭王之母，即是楚平王奪自太子建的孟嬴，孟嬴是秦哀公之妹，因此申包胥奔赴秦廷哭求。秦哀公原來不許，但是申包胥在朝廷上痛哭，七日七夜不止，秦哀公受他的感動，答應出兵，以兵車五百乘（約三萬六千餘人）救楚。

吳軍在郢都的燒殺擄掠，早已引起楚國人的反感，楚國諸大夫出亡在外的，都分別召集楚人抗吳，像鬥辛、王孫圉、王孫由于、宋木、鬥懷、薳延、子西等，各自與吳軍交戰，雖發生不了決定性的作用，但是對吳軍的干擾很大。申包胥自秦借兵回來後，便與這些力量結合在一起。

吳王闔廬十（楚昭王十一）年，即吳軍破郢後第二年的六月，秦軍由子蒲、子虎為將，在楚人引導之下，進入楚境。吳王闔廬令夫概率軍迎戰，雙方交戰於沂（今湖北省棗陽縣東），吳軍入郢七個多月，士氣鬥志都消磨在擄掠之中，楚人則悲憤填膺，秦軍又是新銳，所以一經接戰，夫概就大敗而退。夫概兵敗後，恐怕回去受闔廬責罰，另外再盤算形勢並不樂觀，不如及早抽身而退，於是棄下闔廬不顧，帶領自己的人馬潛歸吳國，同年的九月在吳國自立為吳王。

闔廬聽到夫概潛回吳國自立，才感覺事態之嚴重，楚國既不肯臣服，秦軍又已直迫而來，乃急急撤兵東歸。秦、楚聯軍乘機反攻，在公壻之谿（湖南省岳陽縣東北）追上吳

軍，吳軍無心戀戰，敗了一仗，不過吳軍雖敗，仍是訓練有素的勁旅，秦、楚聯軍也無法消滅吳軍。照伍員等人的意思，還想再找機會決戰，伍員說：「楚人雖勝了一仗，但是我們還有足夠的戰力，未曾受損。」但是孫子勸告他說：「我們破了楚國國都，逐走昭王，又挖了平王的墓，毀了屍體，這樣也實在是夠了。」於是吳軍終於退出楚國。闔廬回國後，引兵攻夫概。夫概逃走，投靠楚國，楚國居然也收容了他，封在棠谿（今河南省遂平縣西），用以牽制吳國。

破楚入郢是闔廬一生霸業的巔峰，也是伍員揚眉吐氣的時刻；但是就孫子來說，整整一年的征戰對他的思想看法必然有很大的影響，孫子不是主張殺伐無度的人，相反的，他是力主慎戰的人。吳軍進入郢都後，種種作為必然引起他的感慨，闔廬貪戀楚國的宮室寶貨，伍員戮墓鞭屍的行為，想來也看在孫子的眼裡，六年的策劃布署，千里轉戰攻伐，只為了宣洩私人的怨恨和燒殺擄掠一番嗎？這絕不是寫出十三篇兵法的孫子所願意看到的，在吳國君臣陶醉於勝利中時，只有孫子能體會出盛極而衰的道理，所以吳軍歸國之後，孫子就引退求去，隱居終老。

破楚入郢後，吳國威震諸侯。闔廬十一年，即吳軍班師回國後第二年，楚國為報破國之恨，以水陸並進，攻伐吳國，結果水軍敗於長岸一帶，陸軍敗於繁陽（河南省新蔡縣）。

於是楚國大感恐慌，為防吳人再度入侵，因而都於鄀（ㄖㄨㄛˋ ruò，今湖北省宜城縣），國勢一蹶不振，終春秋之世，沒有與吳抗衡的能力，但是吳國也受越國之牽制，而至於淪亡越人之手。

第五章　孫子的戰爭原理

自有人類以來，戰爭在歷史上就未曾停止。中國歷史上相傳黃帝曾以七十戰而定天下。黃帝之後，五千年之間，無代不有戰爭，國家由戰爭而立，亦由戰爭而亡，國家在戰爭之中交替興革，歷史也在戰爭之中隨之演進。《呂氏春秋》上說：「古聖先王只有仁義之兵的說法，而沒有偃息兵旅的說法，因此用兵可說是自有人類開始即存在著，用兵是一種威力，這種威力是來自天賦之人性。」（〈孟秋紀〉）《呂氏春秋》自人性說明戰爭之起源，雖不無商榷之處，但是戰爭無法在人類社會中消弭，卻是不可否認之事實。

戰爭既不可避免，因此歷代講武論兵者均就不同的角度去觀察戰爭、研究戰爭，以期求得一種適應戰爭的態度和方式。孫子是中國最傑出的兵學大師，他所身處的時代正是戰爭最頻仍、諸侯兼併最劇烈的春秋時代，他的十三篇兵法又是最完整、最系統化的兵學巨著，因此他對戰爭也必有其一定的觀點，這些觀點就是孫子的戰爭原理。雖然孫子並未專就戰爭之原理闡述說明，但是我們可以就散見十三篇兵法中，將孫子對於戰爭所抱持的態度和方式，予以歸納，找出這些觀點，而形成孫子之戰爭原理。孫子之戰爭原理，可概括分為四項，即：慎戰、先知、先勝、主動。「慎戰」是不輕戰、不厭戰；「先知」是戰前的知己、知彼；「先勝」是求不戰而勝，或戰而速勝；「主動」是致人而不致於人。孫子對於戰爭的觀點，大體以此四項為基礎，可以說是孫子的戰爭原理。

一、慎戰原理

《孫子兵法》開宗明義的第一句話就是：「兵者，國之大事，死生之地，存亡之道，不可不察也。」（〈始計〉）這裡所謂的「兵」，就是指戰爭而言，這種視戰爭為國家大事的觀念古已有之，《左傳》上說：「國之大事，在祀與戎。」（成公十三年）《韓非子》說：「戰者，萬乘之存亡也。」（〈初見秦〉）都是強調戰爭關係國家之存亡，百姓之生死。

戰爭既為國家大事，自當詳加審察，不可輕啟戰端，尤其不能以君主一己之好惡喜怒而發動，所以孫子又說：「主不可以怒而興師，將不可以慍而致戰，合於利而動，不合於利而止。怒可以復喜，慍可以復悅；亡國不可以復存，死者不可以復生。故明主慎之，良將警之，此安國全軍之道也。」（〈火攻〉）孫子所說的「安國全軍之道」，實在就是指出戰爭為國家之事，而非君主或將帥一人之事，因此要合於國家之利益，才可興師用兵；不合於國家之利益，則萬不可以一己之私而妄動，這種以國家為主體的戰爭概念，在二千五百餘年前的春秋時代，確有針砭之處。

春秋時代，王綱失墜，諸侯勢大，二百四十二年之中，可考戰役有二百一十三次之多，絕大多數是怒而興師，慍而致戰，完全沒有以國家之利害為著眼，所以孫子特別提出「亡國不可以復存，死者不可以復生」來警惕君主及將帥，孫子可以說是第一個提出國家戰爭概念的人。

戰爭既是為了整個國家，所以「善用兵者，修道而保法，故能為勝敗之政。」（〈軍形〉）又說：「故經之以五事，校之以計，而索其情。一曰道，二曰天，三曰地，四曰將，五曰法。道者，令民與上同意，可與之死，可與之生，而不畏危也。」戰爭既為國之大事，則必須上下一心，戮力以赴，而欲使人民願意拋頭顱、灑熱血，則政府必先「修道

保法」、「為勝敗之政」，政府能做到「令民與上同意」，即是在政治上勝過敵人；反之，如政治不修，民之不附，輕率用兵，即是「敗政」，斷無倖勝之理，所以戰爭非只是用兵而已，與一國之政治有密切關係。不僅與政治有關，而且還要和天時、地利、將帥、法制一同匯總觀察，這就是「經之以五事，校之以計，而索其情。」索其情的目的是在知可戰與不可戰，可戰則戰，不可戰則止，所以孫子既不輕戰，亦不厭戰，而是自理智的分析中，考慮戰爭勝敗的可能性，他是十足的慎戰主義者。

戰爭是以國家存亡，國民生死做賭注，戰爭之勝敗涉及國家之整體安危，因此在平時應該「修道保法」，戰時才能「令民與上同意」，戰爭之發動，斷不能靠一二人之「怒」、「慍」，而必須以冷靜客觀之理智，就「道、大、地、將、法」五事詳察之，合於利則動，不合於利則止，這才是「安國全軍之道」，也是孫子的慎戰原理所在。孫子雖然沒有單獨提出「慎戰」二字，但是十三篇兵法之中，幾乎每一篇都是強調謀定而後動，絕不主張輕啟戰端，更不主張濫施攻伐。他處處以國家利益為著眼，就國家戰爭的概念上觀察戰爭的可能性，因此「慎戰」可以說是孫子戰爭原理中第一原理。

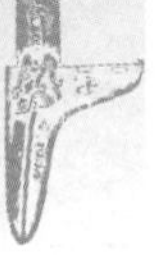

二、先知原理

戰爭既為國家存亡安危之所繫，那麼究竟能不能打這一場戰爭，打了之後能不能獲得勝利，這就是戰爭前的「先知」。孫子說：「明君賢將所以動而勝人，成功而出眾者，先知也。」（〈用間〉）「動而勝人」指取勝之公算，「成功而出眾」指勝利之戰果，因此要「校之以計，而索其情。曰：主孰有道？將孰有能？天地孰行？法令孰行？兵眾孰強？士卒孰練？賞罰孰明？」這就是先廟算而知勝負，「夫未戰而廟算勝者，得算多也；未戰而廟算不勝者，得算少也。多算勝，少算不勝，而況於無算乎？」（〈始計〉）孫子另外還有一段話：「故知勝有五：知可以與戰不可與戰者勝，識眾寡之用者勝，上下同欲者勝，以虞待不虞者勝，將能而君不御者勝，此五者，知勝之道也。」（〈謀攻〉）可見「知」是從比較計算中得來。孫子之戰爭理論是建立於知，審慎於行，不知不動，知而後動，行動之前力求先知，先知則在先計先算，就敵我雙方的各種態勢，深入比較分析，以觀察消長之情況，預測勝負之可能，「七計」、「五勝」都是先知之道。

孫子反對從戰爭行動中求知，他說：「不知諸侯之謀者，不能預交；不知山林險阻沮澤之形者，不能行軍；不用鄉導者，不能得地利；此三者不知一，非霸王之兵也。」（〈九地〉）也反對沒有根據的迷信臆測，他說：「先知者，不可取於鬼神，不可象於事，不可驗於度，必取於人，知敵之情者也。」他所主張的是取之於人的理性的「知」，也是實事求是的「知」。

再進一步看，孫子之先知，不限於計算而已，凡天之表象、地之形體、將之能愚、法之良窳，皆在其知之範圍之中，因此「陰陽、寒暑、時制」，「遠近、險易、廣狹、死生」，「智、信、仁、勇、嚴」，「曲制、官道、主用」（〈始計〉）都不僅是用作比較分析的項目，而且是軍事知識的範疇，所以孫子說：「知彼知己，勝乃不殆；知天知地，勝乃可全。」（〈地形〉）「知彼」只是知敵之情，「知己」則除自己度德量力外，還要由軍事知識中力求改進；「知天知地」是與戰爭中軍事行動有關的天象地理知識，這些知識光了解是不夠的，必須要能具體實踐，才能天地得、法令行、兵眾強、士卒練、賞罰明，而「勝乃可全」。故孫子之先知，實含有知而後行的意義，如果知只限於單純的了解而沒有加以改進，則這種知對於克敵制勝的幫助將是有限的。先知的目的在於知敵之可敗，我之可勝，假如已知敵之可敗，但是自己沒有可勝的實力，這種「知」實無助於克敵，因此孫子

之「先知」含有知而行之必勝，不知而行之必敗的意義。他在〈謀攻〉中說：「知己知彼，百戰不殆；不知彼而知己，一勝一負；不知彼不知己，每戰必敗。」其所以能「百戰不殆」，是因為能充分了解敵人的弱點，又能改進自己的缺點及發揮自己的優點；其所以「一勝一負」，是因為能改進自己的缺點及發揮自己的優點，但是不明敵人的弱點；至於「每戰必敗」，則是對敵人、對自己完全無所知，自然非失敗不可了。戰爭需要軍事知識，也需要預知敵情，更需要這兩方面的「知」不斷改進，孫子的先知原理實在是寓行於知的真理。

三、先勝原理

戰爭能造成傷亡和損失，戰爭的面愈廣，所造成傷害損失愈大；戰爭的時間愈長，所造成的傷害損失也愈嚴重，無論勝利的一方或戰敗的一方，都不會有任何好處。孫子說：「兵貴勝，不貴久。」因為：「久則鈍兵挫銳，攻城則力屈，久暴師則國用不足。夫鈍兵挫銳，屈力殫貨，則諸侯乘其弊而起，雖有智者，不能善其後矣。」（〈作戰〉）因此戰爭

要求其速勝、易勝，用最少的代價，換取最大的戰果。

但是速戰和易勝仍然要經過作戰的過程，多少總有傷損，未免美中不足，所以孫子提出先勝的概念，他在〈謀攻〉中說：「凡用兵之法，全國為上，破國次之；全軍為上，破軍次之；全旅為上，破旅次之；全卒為上，破卒次之；全伍為上，破伍次之。是故百戰百勝，非善之善也，不戰而屈人之兵，善之善者也。」所謂「全國」、「全軍」、「全卒」、「全伍」就是不使國家或軍隊付出傷亡而獲致全勝，要想不傷絲毫，唯用戰鬥以外的手段，此即「伐謀」與「伐交」。「伐謀」是運用策略，誘使敵人陷於猶疑不決的形勢中，使敵人懾服於我們的壓力；「伐交」是運用外交，分化敵人的與國，聯合自己的友邦，使敵人陷於孤立，伐謀與伐交都是「不戰而屈人之兵」的先勝手段。

利用「謀」、「交」克敵制勝，固然甚為巧妙，但是「謀」與「交」並非無往不利的，一旦到無可避免的情況，也只有兵戎相見，真刀真槍的幹一場，所以要布署用兵的先勝態勢，孫子說：「故用兵之法，無恃其不來，恃吾有以待之；無恃其不攻，恃吾有所不可攻也。」（〈九變〉）可見先勝之態勢取決於萬全之準備，有萬全之準備則能步步占先、著著制敵，所以：「古之善戰者，先為不可勝，以待敵之可勝，不可勝在己，可勝在敵。故善戰者，能為不可勝，不能使敵之必可勝，故曰：勝可知而不可為。」（〈軍形〉）在戰爭準備和戰略布署上能先做到不敗的境地，則敵人不能謀我，我則可以待機制敵。制敵也要有許多相關的條件配合，並不是說打就打，最重要的是等待敵人暴露其弱點，造成我的可勝機會，如果沒有這種可勝機會，就輕舉妄動，雖然得勝亦必付出相當代價，這就是：「勝可知而不可為。」

同時當敵人暴露出可勝之機時，要毫不猶豫的把握時機，因為一切的先勝布署都是為了等待這個時機的到來，孫子說：「故善戰者，立於不敗之地，而不失敵之敗也，是故勝兵先勝而後求戰，敗兵先戰而後求勝。」又說：「故勝兵若以鎰稱銖，敗兵若以銖稱鎰，勝者之戰，若決積水於千仞之谿者，形也。」（〈軍形〉）「形」是整體的形勢，勝兵與敗兵的分別，就是勝兵能掌握住先勝要領，作萬全布署，就像把積水放到千仞之高處，一旦時機到來，決其積水，自然發揮無比的威力。所以戰爭之勝負，不僅取決於戰時，尤其要注意先勝於戰前，不戰而屈人之兵的全勝，固然是先勝原理的最高境界，但是立不敗之地的先勝布署，同樣也可以達到速勝、易勝的要求，孫子的先勝原理的確是制敵機先的最佳途徑。

四、主動原理

主動是以我為主宰的行動，主動含有全面控制和掌握的意義，在戰爭進行之中，以及戰爭的軍事行動之前，誰能爭取主動，誰就有操勝券的可能。孫子有一句話說：「善戰者，致人而不致於人。」（〈虛實〉）把主動的精義一語道破。所謂「致人」，就是依我的意思支配敵人，要敵人聽我的；我所期待的，敵人即使萬分不情願，但在形勢所迫之下，不得不照我期待的去行動；敵人所期待的，即使萬分想要那樣做，但是受到我的種種牽制，無法如願以償。所謂「不致於人」，就是不受敵人支配，敵人無法影響我的行動，我要進則進、要退則退。進的時候，敵人無法防禦；退的時候，敵人也無法阻撓，完全進退自如。如能做到「致人而不致於人」，那的確可說是用兵如神了。

孫子還進一步說：「進而不可禦者，衝其虛也；退而不可追者，速而不可及也。故我欲戰，敵雖高壘深溝，不得不與我戰者，攻其所必救也；我不欲戰，雖畫地而守之，敵不得與我戰者，乖其所之也。」（〈虛實〉）正因為主動權在我，所以我能避實而擊虛，找

敵人不防備，或防守最弱的地方下手，而且一旦得手之後，我可以迅速轉移，敵人無法對我報復。況且，我掌握了主動，就可在我所選擇的時間、地點發動攻勢；或者在一定範圍之內，預期的時間之中，採取守勢，敵人雖想盡辦法，也奈何不得。正如孫子所說：「故善攻者，敵不知其所守；善守者，敵不知其所攻，微乎！微乎！至於無形，神乎！神乎！至於無聲，故能為敵之司命。」（〈虛實〉）掌握主動必須做到「無形」、「無聲」，所謂「無形」是敵人看不出我的行動；所謂「無聲」是敵人猜不透我的企圖，這是爭取主動，掌握主動的必要條件，如果我的行動和企圖均在敵人眼中，那我立刻就變成被動，敵人可以處處防我、制我。必須使敵人在我的鳥瞰之下，我才能發揮主動，聲東而擊西，避實而就虛，成為敵之「司命」（命運之主宰）。

在我占優勢的時候，固然要處處主動的打擊敵人、消滅敵人，在劣勢的情況下，更需要爭取主動。孫子說：「勝可為也，敵雖眾，可使無鬥。」我寡敵眾，我弱敵強，原本是極為惡劣的情勢，但是我如能爭取主動，則可以點制面，以少取多，先在各個決戰點上以主動的方式，取得優勢，積小勝而為大勝，化局部的勝利而為全面的勝利，所以主動實為轉敗為勝的契機。歷史上許多以寡擊眾，以少勝多的戰例，都是因為能夠爭取主動，掌握主動，才獲致成功的。孫子說：「古之善用兵者，能使敵人前後不相及，眾寡不相恃，貴

賤不相救，上下不相收，卒離而不集，兵合而不齊。」使敵人：「不及」、「不恃」、「不救」、「不收」、「不集」、「不齊」，全賴主動；也唯有主動能使戰力發揮極致，收克敵制勝之效，所以「主動」實在是孫子最重要的戰爭原理。

第六章　孫子的戰略原則

「戰略」一詞為近代之軍事術語，古人逕稱之為「略」，如古《兵經》之上、中、下「三略」，即為一例。所謂「戰略」為：「建立力量，藉以創造與運用有利狀況之藝術，俾得在爭取同盟目標、國家目標、戰爭目標、戰役目標或從事決戰時，能獲得最大之成功公算與有利之效果。」此項定義係引用我國國軍各階層戰略戰術之標準定義。因為近代學者對於「戰略」一詞的定義各有所見，以致各階層的戰略區分混淆不清，語義及解釋的差異，易造成不必要的混亂，「戰略」既為軍事術語，則採官方定義及區分較為妥切。

依上述定義，戰略可區分為：

㈠大戰略：建立並運用同盟力量，爭取同盟目標者。

㈡國家戰略：建立並運用國力，爭取國家目標者。

㈢軍事戰略：建立並運用三軍之軍事力量，以爭取軍事目標者。

㈣野戰戰略：運用野戰兵力，以爭取戰役目標，或從事決戰，而支持軍事戰略者。

將「戰略」區分為這些種類，雖然是現代化的軍事概念，但是卻可以幫助我們了解孫子的戰略原則，而且自「大戰略」、「國家戰略」、「軍事戰略」、至「野戰戰略」，各有其適用層次和對象，以這四種區分歸納孫子的戰略原則，較易得到完整而有系統的印象。

一、大戰略原則

「大戰略」為建立並運用同盟力量，藉以創造與運用有利狀況，俾得在爭取目標時，能獲得最大成功公算，與有利之效果。因此大戰略實在是一種國家集團之分合運用，國家與國家之間，或因政治利益之關連，或因地理形勢之連鎖、或因共同安全之威脅、或因某種利害之所繫，結成為集團，爭取共同的目標，戰國時代的「合縱」、「連橫」可以作為例證。不過，這種集團的結合，往往以目標為著眼，當共同目標存在時，國與國之間尚有維繫的力量，一旦目標消失，或者另一目標出現，集團之瓦解往往成為必然。所以在分合之間，如何以本國之利益為優先考慮，建立或運用同盟關係，即為施行「大戰略」的目的所在，故此「大戰略」實為國際形勢之全盤考慮、設計、布署。

孫子在〈謀攻〉中說：「上兵伐謀，其次伐交。」又在〈軍爭〉中說：「不知諸侯之謀者，不能豫交。」這裡所說的「謀」和「交」就是「大戰略」的運用，即聯合自己的友邦，拉攏中立的第三國，以分化敵人的與國，造成全盤性的國際政治壓力，使敵人陷於孤立無援的境地，即所謂不越樽俎之間，折衝千里之外。「伐謀」、「伐交」是先勝布署，任何一個國家無論在戰時或平時，均應審慎考量，預為籌劃，所以「大戰略」是一長期性的遠程戰略計劃，如果平時沒有考慮施行，一旦變生禍起，就緩不濟急了。所以孫子又說：「是故不爭天下之交，不養天下之權，信己之私，威加於敵，故其城可拔，其國可隳（毀）。」（〈九地〉）這就是說明不謀求爭取與國，以孤立敵國；不建立同盟力量，以削弱敵國力量；只企圖以自己的兵威制敵，必有毀滅的可能。

另外孫子還說：「是故智者之慮，必雜以利害，雜於利而務可信也，雜於害而患可解也。是故屈諸侯者以害，役諸侯者以業，趨諸侯者以利。」（〈九變〉）「大戰略」之布署以國際間之分合為著眼，國與國之間，往往因利而合，因害而分；或因共害而合，因爭利

而分，所以總免不了考慮利害關係。趨利避害是設計「大戰略」的主要著眼，但是「大戰略」是遠程的計劃，眼前的利益，在時過境遷之後，往往反成禍害，而眼前之禍害，在國際形勢改變後，又可能成為利之所在，因此設計「大戰略」時，必雜以利害，深謀遠慮，才能算智者之慮。

孫子還提到：「諸侯之地三屬，先至而得天下之眾者，為衢地。……衢地吾將固其結。」（〈九地〉）這是因地理位置之連鎖，而發生同盟關係的情況，所謂「諸侯之地三屬」，是指這一個地區與兩個或兩個以上的國家接壤，平時或可相安無事，一旦利害衝突，不論引起衝突的因素是否與我有關，均有將我牽涉在內的可能。因此不但要使我與各國維持良好關係，而且要使接壤之各國勿起紛爭。或者，此一地區為我所先得，接壤諸國或有所疑懼，或有意染指，因此必須妥為籌策，使各國不致與我為敵，這就是「固其結」的大戰略布署。今日國際情勢較之孫子之春秋時代，複雜千百倍，因此大戰略之運用更應遠矚高瞻、遠慮深謀。

二、國家戰略原則

「國家戰略」為建立及運用國力，藉以創造與運用有利狀況，俾得在爭取國家目標時，能獲得最大之成功公算，及有利之效果。因此國家戰略是在國家目標的統一策劃之下，與「大戰略」互相配合運用，「國家戰略」透過外交手段即與「大戰略」銜接，兩者是互為表裡的。不過「大戰略」與「國家戰略」是現代區分方法，古代並無如此精細之劃分。

「國家戰略」首重國家力量之建立，孫子在〈始計〉中所說「五事」中，「道」、「將」、「法」三者即為國力培養之重要原則。「道者，令民與上同意。」是制定共同的思想、目標，使政府與人民間同心協力；「將者，智、信、仁、勇、嚴。」是遴選具備武德的將校，或培養將校之武德，使之擔負指揮作戰之責任；「法者，曲制、官道、主用。」是調整國家及軍旅的制度，包括部隊編裝、人事組織、後勤支援等，使之能適應作戰情況。另外，綜合「五事」、「七計」的「廟算」，更是國家力量的整體評估。

「國家戰略」的運用，包括政治、經濟、軍事、心理等。

在政治方面，對外用「伐謀」、「伐交」、「致人而不致於人」；對內則「令文齊武」、「修道而保法」、「無恃其不來，恃吾有以待之；無恃其不攻，恃吾有所不可攻。」

在經濟方面，孫子沒有具體的說明，但在有關文句中，可以體會出他對經濟戰略的重視。他說：「國之貧於師者遠輸，遠輸則百姓貧，近於師者貴賣，貴賣則百姓財竭，財竭則急於兵役，力屈財殫，中原內虛於家。百姓之費，十去其七，公家之費，破車罷馬，甲冑矢弩，戟楯蔽櫓，丘牛大車，十去其六。」（〈作戰〉）戰時經濟因運糧遠輸而困乏，「十去其七」，「十去其六」是損耗的約略估計，孫子對這種情況相當了解，因此他的解決之道是：「善用兵者，役不再籍，糧不三載，取用於國，因糧於敵，故軍食可足也。」（〈作戰〉）又說：「掠鄉分眾，廓地分利。」（〈軍爭〉）「掠於饒野，三軍足食。」（〈九地〉）可見他在戰時經濟方面是主張以戰養戰，取敵之資以供己需；「糧不三載」是說國內對出征的軍旅，最多只運補兩次，以免國內糧食不足，一切全靠「因糧於敵」。孫子不贊成因遠輸而使國貧，但是孫子也說：「軍無輜（ㄗ　zī）重則亡，無糧食則亡，無委積則亡。」（〈軍爭〉）這些軍旅之補給自不能全賴敵人地區的資源，必須靠國家戰略階層預為籌劃，可見孫子對於經濟方面也是很重視的。

孫子之國家戰略原則，如先知、廟算、先勝、速勝、主動等，均已見於其戰爭原理

之中，不再重複。不過孫子所提到的統帥權獨立的問題，倒是可以納入國家戰略原則中討論。孫子說：「君之所患於軍者三：不知三軍之不可以進，而謂之進；不知三軍之不可以退，而謂之退，是為縻（ㄇㄧˊ mí）軍。不知三軍之事，而同三軍之政，則軍士惑矣。不知三軍之權，而同三軍之任，則軍士疑矣。三軍既惑且疑，則諸侯之難至矣。是謂亂軍引勝。」（〈謀攻〉）又說：「將能而君不御者，勝。」古代交通不便，軍旅遠征在外，君主如為遙控，則不明情況而下令，影響戰局至鉅，統帥確有自行擬定戰略戰術之必要。不過就今日而言，軍事戰略應在國家戰略層次之下，受國家戰略之指導，這種情形不可解釋成縻軍或疑軍，蓋各層次之戰略有其範圍，不能混為一談。

三、軍事戰略原則

「軍事戰略」為建立武力，藉以創造與運用有利狀況，以支持國家戰略，俾得在爭取軍事目標時，能獲得最大之成功公算與有利效果。孫子在〈作戰〉中說：「兵聞拙速，未睹巧之久也。」又說：「兵貴勝，不貴久。」此即為迅速原則，迅速進擊、迅速克敵。迅

速的目的在節約時間，任何一個軍事目標必然同為敵我雙方所亟待爭取的，誰能掌握迅速的原則，搶先一步，誰就能居有利的態勢，故「善戰者，其勢險，其節短，勢如張弩，節如機發。」（〈兵勢〉）快如張弩機發，必然一發中的，敵人自防不勝防了。

但是一味求其速，猛攻猛打，並不是上策，孫子說：「善守者，藏於九地之下，善攻者，動於九天之上，故能自保而全勝也。」「九地」喻其深，「九天」喻其高，攻的時候要像自天上俯瞰下面，明察秋毫，找弱點進擊；守的時候要像深藏地底一樣，使敵人找不出蹤跡。這種自保全勝的原則，是軍事戰略所追求的目標。

孫子在〈軍形〉中又說：「兵法：一曰度，二曰量，三曰數，四曰稱，五曰勝。地生度，度生量，量生數，數生稱，稱生勝。」這是策劃軍事戰略的五個要訣：「度」是判斷作戰面及戰線的大小長短，「量」是計劃持續作戰之能量，「數」是計算人力、物力之數量，「稱」是比較政治和戰力的良窳，把以上四項合計起來，便是「勝」。在制定軍事戰略時，應先就軍事目標（地）考慮戰區、戰線，再由戰區、戰線考慮持續能量，再由持續能量考慮投入力、物力的數量，再就雙方之能量、數量加以比較，即得出勝利之公算。因此，「度」、「量」、「數」、「稱」、「勝」五要訣，實為軍事戰略之作業程序，即使在現代戰爭中，此種作業程序仍有其價值。

孫子又說：「凡治眾如治寡，分數是也。鬥眾如鬥寡，形名是也。三軍之眾，可使必受敵而無敗者，奇正是也。」「度」、「量」、「數」是計劃，「分數」、「形名」、「奇正」是執行。良好的計劃必須執行徹底，才能收效，所謂「分數」是指編制區分合理，指揮層次健全；「形名」是視號（形）和聲號（名）等下達命令的系統確實無誤；「奇正」是兵力布署運用的恰當。作戰時，任何將帥總希望兵愈多愈好，投入的力量愈強大愈好，但是可用之兵，能發揮之戰力只有這麼多，「度」、「量」、「數」的要訣即是精確評估能量、數量，然後投入戰區，就像下棋落子一樣，每一著都希望產生一定效果。因此必須要有合理的編制，健全的指揮，才能執行任務，否則一切布署均將落空。

關於兵力之布署運用，孫子還說：「兵之所加，如以碫投卵者，虛實是也。戰勢不過奇正，奇正之變，不可勝窮也，奇正相生，如循環之無端，孰能窮之？」（〈兵勢〉）虛實是奇正之體，奇正是虛實之用，戰場上可用之兵力是有限的，以有限之兵，用於廣大空間，自必有其重點和弱點。我之重點和弱點所在，不能使敵測知，這是虛實；敵之重點和弱點我必偵知，然後以正合、以奇勝，避其實而擊其虛、避其強而攻其弱，自然如石投卵，無往而不利了。

四、野戰戰略原則

「野戰戰略」為運用野戰兵力，創造與運用有利狀況，以支持軍事戰略，俾得在爭取戰役目標，或從事決戰時，能獲得最大之成功公算與有利之效果。《孫子兵法》中對於野戰戰略講得最多，占全書一半以上；野戰戰略之中，地形又講得最多，幾占一半左右，因此只能摘要列舉。

孫子在〈謀攻〉中說：「故用兵之法，十則圍之，五則攻之，倍則分之，敵則能戰之，少則能守之，不若則能避之，故小敵之堅，大敵之擒也。」這就是自數量上布署安排野戰的兵力，針對敵我兵力多少，以決定「圍」、「攻」、「分」、「戰」、「守」、「避」，但是數量多少，只是因素之一，孫子也曾說：「故形人而我無形，則我專而敵分，我專為一，敵分為十，是以十攻其一也，則我眾而敵寡。能以眾擊寡者，則吾之所與戰者，約矣。」(〈虛實〉)這就是野戰戰略上的集中與節約原則，我兵力雖寡，但是集中在一點上，就此一決戰點而言，我眾敵寡，能以大吃小，十攻其一。

此外，孫子在〈九地〉中說：「兵之情主速，乘人之不及，由不虞之道，攻其所不戒也。」這是機動原則，〈始計〉中說：「攻其無備，出其不意，此兵家之勝，不可先傳也。」這是奇襲原則。機動是手段，奇襲是目的，為求達到奇襲之效果，常佐之以牽制的方式，像〈兵勢〉中說：「凡戰者，以正合、以奇勝。」或者，採取間接路線，擇抵抗力最小，期待性最少的作戰路徑運動，如〈軍爭〉中說：「軍爭之難者，以迂為直，以患為利，故迂其途而誘之以利，後人發、先人至，此知迂直之計者也。」更可以採用欺敵手段與誘敵手段，如〈虛實〉中說：「能使敵人自至者，利之也。能使敵人不得至者，害之也。」因此，機動與奇襲原則是野戰戰略中最重要的部分，一切牽制、迂迴、欺敵、誘敵，最終目的皆在達成奇襲之目的。故本身能夠維持高度的機動，則奇襲之公算必相對提高；反之，若行動緩慢，失去時效，奇襲時機一失，一切手段必歸無效。

同時孫子還曾說：「故知戰之地，知戰之日，則可千里而會戰。不知戰地、不知戰日，則左不能救右，右不能救左，前不能救後，後不能救前，而況遠者數十里，近者數里乎。」這是孫子對外線作戰原則的提示，在預定的布署，一定的時間之內，由兩個或兩個以上的方向，向同一目標採取攻勢，這非要具備高度的機動能力不可，否則分進而做不到合擊，必遭敵人各個擊破。因此，孫子在〈九地〉中也說：「古之善用兵者，能使敵人前

後不相及，眾寡不相恃，貴賤不相救，上下不相收，卒離而不集，兵合而不齊。」這是以內線作戰破外線作戰的原則，內線作戰的優點是戰區狹、戰線短，能迅速在敵人沒有合擊之時，使之隔離，然後各個擊破。不過這並非意味內線作戰必優於外線作戰，事實上，「以迂為直」、「以正合、以奇勝」也都可以算做外線作戰的另一型態，只要能把握機動與奇襲，照樣可以奏效。

在野戰戰略中，孫子最重地形，他認為：「夫地形者，兵之助也。料敵制勝，計險阨遠近，上將之道也。」又說：「知吾卒之可以擊，而不知地形之不可以戰，勝之半也。」可見地形對勝負影響之鉅，地形可輔助兵力之不足，亦可以使戰力只能發揮一半，因此在制定野戰戰略時，地形是考慮的第一因素。孫子分別在〈軍爭〉、〈九變〉、〈行軍〉、〈地形〉、〈九地〉各篇中，將「山、水、澤、陸」，「澗、井、牢、羅、陷、隙」，「道、掛、支、隘、險、遠」，「散、輕、爭、交、衢、重、圮、圍、死」等廿五種地形，分別詳細說明，可見他對地形利用之重視程度了。

附錄

一、古代的攻城器械

古代戰爭以人力為主，以戈、矛、劍、戟、刀、斧、鉞、槍為近戰，以弓、矢、弩、箭、石塊等用於遠射，以甲、冑、干、楯用以防身，以旗幟、銅鑼、皮鼓、號角、響箭、烽煙作為指揮連絡，大軍決戰於原野之上，雙方各以步、騎、兵車衝殺，場面之慘烈是可以想像的。這種以血肉之軀，執武器相搏於原野，訓練精良，士氣旺盛的一方，往往占了上風，畢竟刀來槍往是戰技和勇氣的拚鬥，技高氣盛者制技劣氣弱者。但是攻城之戰就完全不同了，野戰的武器，高超的戰技，全派不上用場，敵人守住堅固的城池不出來，只有望城牆興嘆的份兒。如果揮軍攻城，敵人居高臨下，以逸待勞，先以弓箭石塊，打得士卒抬不起頭來。用梯繩爬上牆時，又受到敵人的火油、槍矛、鈎叉的刺戮，沒等上城，就死傷一大半。勉強爬上城的，敵人可以兩三個招呼一個，就在城頭上，盡數殲滅。所以攻城之慘烈，尤其攻擊的一方，傷亡之鉅大，可以想見。

《孫子兵法》上有這麼一段：「攻城之法，為不得已，修櫓轒轀（ㄈㄣˊ ㄨㄣ fén wūn），具器械，三月而後成，距堙，又三月而後已，將不勝其忿，而蟻附之，殺士卒三分之一，而城不拔者，此攻之災也。」（〈謀攻〉）「蟻附」就是用梯繩爬上城牆，士卒弔在半空，沒有自衛的能力，所以發動一次攻勢，可能犧牲三分之一的兵力，因此攻城必須經過長期的準備，「修櫓轒轀，具器械。」藉各種攻城器械，抵禦自城樓上射下的矢、箭、石塊、火油等，或者打破牆、門，衝殺入城。因此古代攻城的行動，有多種器械相配合，這些器械源起何時，已經不可考據，但是自《孫子兵法》上所提到的「轒轀」、「距堙」來看，則春秋時代即已有相當種類的攻城武器，以後逐漸研究改進，在火砲沒有發明之前，這些器械頗具實用價值，自今日的眼光來看，也是一件很有意思的事。

古代攻城器械以各種類型的車輛最多，《武經總要》上即列有「頭車」、「行砲車」、

「轒轀車」、「木驢」、「木牛車」、「望樓車」、「杷車」、「颺塵車」、「填壕車」、「巢車」、「雙鈎車」、「搭車」、「餓鶻車」、「撞車」等，真是洋洋大觀，各具妙用。

「頭車」是一種大型車輛，身長一丈，闊七尺，前高七尺，後高八尺，車首有屏風笆，車上設防護板，外罩鷹翅笆以抵禦矢石，人則躲在護笆之中，車首屏風開射孔，可以射弓矢。這種「頭車」類似今日之裝甲軍，因為體積大，有蔽護屏障的作用，兵士隨車之後前進攻城。此外，「頭車」還可以用來挖地道，在車輛推到城牆邊，人在車內挖地道，當然，這種車輛的底盤是中空的，人可以在車中挖掘，一面挖掘、一面推進，另外由人在後搭棚，往來運兵都是在棚中行進，牆上矢石無法射到，這是攻城的最重要器械。

「轒轀車」和「木驢」，都是一種內藏兵士的推車，上面覆蓋皮幔，車廂內容納十人或七八人，「木驢」是尖頂，所以叫尖頂木驢；「轒轀」車身較寬，容納的人數可能也多些，古代有轒轀可容數十人的記載，其體積可說是相當大的。

「木牛車」則像一張長桌，下面架上橫柱、車輪，人則在木板之下，一面推車，一面進迫城下。

「望樓車」，則是豎一個堅木長竿於平車之上，高約四十五尺，下粗上細，上面含一個木造小望樓，用長索固定吊竿及望樓，在適當的位置觀測城中一舉一動，這是瞭望及偵

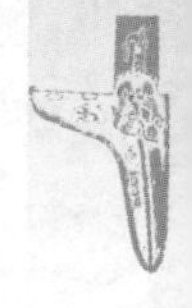

察用的，也可用於指揮、連絡。

「杷車」和「雙鈎車」、「行天橋」、「雲梯」相近似，都是在平臺車上搭起樓梯，以便攀登城牆，「杷車」是單梯六輪，「雙鈎車」則是複梯四輪，梯之頂端有雙鈎，以便鈎在牆頭；「天橋」和「雲梯」都是很巨大的推車，是攻城最常用的器械。

「颺塵車」則是一種助攻武器，四輪平臺上，立兩支柱，以絞盤高昂一個鐵盤或鐵鍋；裡面放沙土或煙火，推近城邊時，放鬆絞盤，使沙土煙火飛揚，守城之敵視線迷濛，士卒即乘機由雲梯或其他工具登城。

「填壕車」是一種跨越城壕的推車，即平臺車上設一面可以支起放下的木板，人在車上以木板防護，推到城壕邊上時，放下木板，便成一種便橋，士卒可以一擁渡壕。另外還有一種「壕橋」，其形式大體與「填壕車」相近似，只是沒有防護板而已。

「巢車」近似「望樓車」，但是「巢車」的體積大，其結構與「颺塵車」相同，用一個轆轤高吊起木屋，內可容納三四人，推近城邊，以弓矢射城上敵人，用以掩護士卒前進，也是輔助攻城的器械。

「搭車」、「餓鶻車」、「撞車」都是攻擊性發射武器，前二者用以攻擊城垛上的敵人，或破壞城上的防禦設施。至於「撞車」則是專為撞破城門之用，以相當數量之士卒，合力用巨木頂撞，這大概是最古老的攻城工具。

除了從地面進攻之外，還可以由地道攻城，古人用兵，常以地道的方式為之，因為這樣可以減少傷亡，士卒的安全較有保障。挖地道的方法是，先觀測地形，取土質鬆軟之處，先挖一個入口，標定方向後，不斷向前挖掘，一面用木架排搭緒棚，以支持撐住，防止泥土塌陷，能在敵人不發覺的情況下，進入牆內，固然最好；如不能入城，則挖至城邊，然後以火藥引爆，炸塌城牆，清代曾國荃攻陷南京城時，即採用此法。不過大規模或長距離的挖掘地道，非常耗時費力，而且城的四周皆有護城河的話，就難以奏效，往往以「壕橋」、「頭車」等；先渡護城河，然後再在「頭車」之中，藉搭棚掩護，才能在城牆邊挖地道，不過那樣的效果恐怕不會很大。

除了由正面強攻之外，利用水、火攻城，也是方式之一，火攻中最常用的是煙火薰敵，即堆積濕材乾草，測風向引火，濃煙飄向守城敵人，然後乘機攀登。水攻則需要先察地形，看有沒有可資利用的河川或水道，還要測知水平高下，水道流速，配合天候變化，並非每次攻城都能利用上的。《武經總要》上載有測水平之器，是用一木槽，長二尺四寸，兩頭及中間鑿為三個池，池橫闊一寸八分、縱闊一寸三分，池與池之間相去一尺五寸，中間互有通水渠，渠闊二分、深一寸三分，三池上各放浮木，厚三分，木上立齒，高八分、

闊一寸七分、厚一分。用水注入三池中，浮木在水上，三個浮木的木齒平齊，即為水平。另外以「照板」、「度竿」，計其丈尺分寸，「照板」形如方扇，長四尺、下二尺黑、上二尺白、闊三尺、柄長一尺。度竿長一丈二尺，刻度為二百寸，每寸內水刻其分，計二千分，然後瞇起眼從照板中視水平上三浮木齒；度量竿上尺寸為高下，即可測知水之高下深淺。這大概是古老的測量儀器，不但能測水，其他的用處也很多。

總而言之，在火藥尚未發明之前，攻城全仗人力，器械的使用，也靠人力推動，所以攻城實在是需要付出可觀的代價，火藥發明後，形勢漸漸改變，槍砲日益改進；城池完全失去防護功能，這古老的攻城器械也只有在史籍中看到形貌，不過現代戰爭之慘烈，恐千百倍於往昔，這一點就不是古人所想像得到的了。

二、古代的守城器械

守與攻是相對的，守城也和攻城一樣，有其器械工具，攻城器械是以打破城牆，或者度越城牆為設計；守城器械則以殲滅攻城之敵，保衞城池為著眼。不過器械雖利，但是城

牆不固，也是無用，因此古人對城廓之規劃，非常注意，有「三宜八忌」之說。「三宜」是：宜高、宜堅、宜厚，「高」以四丈為宜，三丈五為可，至少亦必三丈，不足三丈，則不可守；「堅」以牆之質地論之，一為石，二為磚，三為土，如土質鬆軟，則不可守；「厚」以城基為準，城基深則城身可厚，城基應深入地下一丈，城的底部厚度以六丈為宜，牆頭厚以二丈五尺為宜，至少底部要厚四丈，牆頭厚一丈五尺，如少於這個標準，則不可守。

「八忌」是：一、源高於城，可灌而沉；二、山高於城，可俯而瞰；三、流泉不供，可坐而困；四、城大人少，可乘其疏；五、人眾糧少，可待其潰；六、蓄貨外積，可困其資；七、軍旅單弱，可奪其氣；八、豪強梗命，可破其城。「八忌」之中，前三項是地理地形水源的預先選擇，在設計造城時就先應考慮到，以後的五項則均為人為因素，是守城的將帥應該先考慮的問題。

另外對於護城的壕溝，也很有講究，壕溝宜深、宜廣，深以三丈為度、廣以十丈為度。不過壕溝環繞城的四周，深淺並不一致，應在淺的地方暗做標幟，以備城內士兵可以暗中渡水偷襲，同時在近淺水處的城牆，要設置暗門，以備偷襲的軍隊出入，而且在壕溝水底，設暗樁，立鐵刺、竹木刺等，以阻止敵人泳渡。

此外；為了防止敵人接近，在城池之外，四周的樹木、草叢應予清除，如果不能清除的話，則應遍布陷穽，絆馬索、陷馬坑、刺竹、尖木樁、鹿角木、鐵蒺藜、地澁（釘板。澁，音ㄙㄜˋ sè）等埋伏。

城上設「臺」、「垛」、「突門」、「懸眼」，所謂「突門」是一種城臺上的窄門，門口設陷坑，敵人上得城頭，一衝入內，即落入陷坑。「懸眼」則是在城頭上凸出之處，設置往下方的射口，當敵人衝到城腳時，守城之人雖居高臨下，但是非把身子往外伸出才能攻擊城腳下的敵人，這當然是很危險的事，因此在城頭上，設計一塊凸出牆外的部分，並且開射孔，既可俯看敵人，亦可自射孔中發射矢石，攻擊敵人，因為它凸懸向外伸出，所以叫「懸眼」。

城上還在每一垛口設弓弩，或者彈石之器，利用槓桿原理把石塊射出去，這種彈石器多名之為砲，如「單梢砲」、「雙梢砲」等，基本構造都是一個木架，一支長桿，一端是皮窩，裝好石塊，另一端是繩索，以長桿架在木架上，用人力拉扯彈射出去。

另外在牆上還設有「木檑」，是以長四尺，徑五寸之圓木，上裝滿狼牙釘，鋒利尖銳，自牆上拋下，攻擊爬城之敵人。「夜叉檑」則是用巨木製成，有鐵索穿住，攻擊敵人後，還可以收回。「泥檑」則是用泥土調入豬鬃、馬尾巴，長二三尺，徑五寸，可重三十斤，自牆上拋下，與「木櫑」有相同效果。「塼櫑」則是燒磚之法製成，比「泥櫑」略大。「車腳櫑」則是以繩繫獨輪，自城上拋下後可以收回。

牆上還準備「火毬」、「火油」、「油罐」等油脂器具，準備好大鐵鍋，裡面滿盛滾油，稱「火油」，用罐滿盛滾油，引燃後投下，稱「油罐」，甚至有時在敵人太多，爬滿整個城牆時，把整鍋熱油傾下，這種方式，是不得已之法，非十分危險，不輕易使用，倒不是慈悲為懷，而是一鍋滾油倒光後，敵人再攻上來，便無油可用了。

防守者可以拋「火毬」，倒「火油」，投「火油罐」，攻城者同樣也可以用「火箭」、「火毬」、「火罐」，甚至在城腳積木材乾草放火，因此城上必須備有「沙包」、「水囊」、「水袋」、「麻搭」、「唧筒」等，「水囊」、「水袋」是以皮革製成，內儲清水，以備救火；如火帶油的話，即用麻袋沙包熄火；「麻搭」是一個八尺長桿，用散麻蘸泥漿，打撲火勢；「唧筒」則用長竹，下開竅，自水桶中吸水噴灑救火。

另外還要準備「木女頭」和「木女墻」，以防敵人用石塊擊塌「城臺」、「城垛」，甚或擊塌城之一角，「木女墻」較大，原為攻城武器，用之守城亦無不可，「木女頭」則專為守城而設計，用厚木為板，高六尺、闊五尺，放在牆頭上機動運用。

此外，在城內要道，及城門附近，要設置「距馬槍」、「塞門刀車」，以防止敵人在

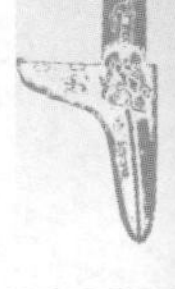

攻破城門時，可以暫時塞住，甚至在進行巷戰的時候，亦可以派上用場。

《武經總要》上有關於守城應注意之事項：「若寇賊將至，城外五百步內，悉伐木斷橋，焚棄宿草，拆屋埋井，有水泉皆投毒藥，水石磚瓦，茭芻餱糧，畜牧與居民什器盡徙入城內，徙不逮者焚之。」這是戰前準備，把城池四周的草木肅清，以免隱藏敵人，把水源破壞，一切可資敵人利用的東西，包括石、磚、瓦片在內，都搬進城，搬不走的，破壞掉，以免敵人利用。

然後：「主將閱視守禦器械，各令牢具，又預穿井無數，惟井無近城，又備糧、布帛、芻草、蘆葦、茅荻、石灰、沙土、鐵、炭、松樺、蒿艾、膏油、麻皮氈、荊棘、篦（ㄅㄧˋ bì）籬、釜鑊、盆甕、桶罐、木、石、磚、竹、鍬钁（ㄑㄧㄠ ㄐㄩㄝˊ qiāo jué）、斧、椎、鑿、梯索之類；凡委積及樓棚、門扇、門棧，但火攻可及之處，悉皆氈覆泥塗，棚樓下隨處積檑木、檑石、槍斧，及其他短兵，外立弩車砲架，棚樓女牆上加篦籬竹笆，城中立望樓。」可見守城所需物資之多，舉凡一切可以利用的東西都派上用場，連石塊泥沙也不能放過，這些都是最原始的武器。

守城固然以逸待勞，但是如敵人兵強勢大，又無外援前來解救，遭敵人長期圍困，必然是十分艱苦的，如果食物和水源有問題，則更是悲慘，張巡之死守睢陽便是一個例子。

不過，堅固的城池，嚴密的城防布署，充足的準備，再加上與城偕亡的決心，確實可以發揮極大的威力。如南宋時，余玠固守合州釣魚城，蒙古軍幾次無法攻破，元憲宗蒙哥也戰死在釣魚城下。一座孤城能在蒙古大軍幾個月的包圍下，屹立不搖，是一個奇蹟，蒙哥戰死城下雖是想不到的意外，但是余玠之防守戰術，必然是極為高明的。這一戰，不但使南宋延長二十年壽命，而且蒙古征服世界的行動，也暫告停頓，影響之大可以想見，亦由此可見守城戰術之重要。

三、古代的火攻器械

《孫子兵法》有〈火攻〉一篇。專論以火佐攻的方法，這大概是歷代講武論戰，最早提出的火戰理論。不過孫子雖然提出火攻五法：「火人」、「火積」、「火輜」、「火車」、「火隊」，但是均只就原則上說明火的利用，至於用何種方法引火，以及用何種器械把火變成攻擊性武器，則並未言及，在孫子之前的戰史中，也找不到有關紀錄。西元前五〇六年，吳伐楚入郢之役，楚國大敗，楚昭王逃出郢都時，因吳追兵緊逼，乃放出宮中象群，

以火燒象尾，縱之向吳國追兵奔去，吳兵陣勢大亂，楚昭王乘亂脫逃。《左傳》上說：「王（楚昭王）使執燧象以奔吳師。」這是歷史上第一次出現的運用火獸為攻擊武器。楚昭王運用「火象陣」逃脫的經驗，對二百多年後的田單有無影響，這是難以考證的，但是田單運用「火牛陣」，成功地擊敗燕軍，可以證明這種武器的威力。在火藥尚未發明之前，作戰全仗人力、獸力，因此火攻器械也不出人獸力量的運用範圍，除「火象」、「火牛」之外，《武經總要》上還記載了「火禽」、「雀杏」、「火獸」等。

「火禽」是先捕敵境野鷄，然後用剖開的胡桃，填入艾草，引燃後懸於野鷄頸下，縱放飛入敵人營區內。「雀杏」是先捕捉麻雀，再用杏子挖空，裝填艾草，引燃後，繫於麻雀足上，飛入敵陣，道理與「火禽」一樣。「火獸」是捕捉野豬、獐鹿之類，用葫蘆瓢剖開後，塞滿艾草，繫在項頸上，縱放奔走入敵人陣營。不過就現代眼光來看，「火禽」、「雀杏」、「火獸」等，是異想天開之舉，像野鷄、麻雀、野豬、獐鹿之類，捕之不易，大量捕捉更是困難，即使捉到後用於火攻，也是一廂情願的事，在飛禽走獸上引火，其結果必然是橫衝直撞，毫無目標方向可言，飛奔入敵人陣地，固然甚妙，要是在自己陣營裡亂攪一通，則後果堪慮。東漢時昆陽之戰，王莽軍驅虎、豹、犀、象之類猛獸助威，適天降大雷雨，這些獸群受驚之餘，反竄奔逃，弄得王莽軍陣勢大亂，一敗塗地。可見用禽獸火攻，畢竟是不可靠的，「火象」、「火牛」的先例，多少有些幸運的成分。

古代火攻器械最常見的是火箭、火鉤、火鐮、火叉、鐵錨等武器。「火箭」是在箭頭上綁住易燃艾草，引發火苗後，以強弓射入敵陣，宜於遠距離火攻。「火鉤」、「火鐮」、「火叉」名稱雖異，作用大體相同，都是挑起薪草松材之類，堆積燃火。「鐵錨」則是用長鐵索繫一個三鬚鉤，用以鉤起火團，甩入敵人陣地，這幾種適用於近距離，多用於攻城。

除此之外，還有「火車」、「火船」。「火車」是用一輛兩輪車，車上放一個炭火爐，爐上置鐵鑊一口，裝滿油脂，爐中火燒得油脂滾熱，在爐的四周堆滿薪材等易燃之物，推到敵人陣地前，翻倒引燃，沸油烈火，具有相當的殺傷力量，通常拿來做為攻城的武器。「火船」則是用於水戰的武器，用小艇或木筏，裝載大量乾材薪蒭，直奔敵人船隊，三國時吳、蜀聯軍火燒赤壁，是成功的戰例。

除了用火之外，由火引起的濃煙也是一種攻擊武器，像「引火毬」、「蒺藜火毬」不但能引燃火勢，製造濃煙，而且有殺傷力量。「火毬」是以紙為毬，內塞石屑，外塗黃蠟、瀝青、炭末等混合的泥狀物，穿以麻繩，可以用手丟入敵陣，類似今日之手榴彈。或用一種利用槓桿原理的「梢砲」，彈射入敵陣。「梢砲」有「單梢」、「雙梢」、「五梢」、「七

梢」之分，是以一次射出「火毬」之數目而定。「梢砲」有四個腳柱，支撐一個橫軸，橫軸中插入一支長梢，一端繫著拉索，一端繫著皮窩，把「火毬」放入皮窩，引燃後，由人力拉索彈射出去。「梢砲」本來是投石用的，小型「梢砲」，用四十人拽，一人定放，可射二斤重石塊於五十步外；大型「梢砲」需百人拉拽，放八十步外；至於「七梢砲」一次發七枚石塊於五十步外，則需二百五十人拉拽。

「火毬」不但引火生煙，而且專門配製調劑之下，可以產生毒氣的功效《洴澼（ㄆㄧㄥˊ ㄆㄧˋ píng pì）百金方》上有毒火歌：「黑砒先擣巴霜浸，毒氣沖人嘔見心，乾漆曬乾乾糞炒，松香艾肭（ㄋㄚˋ nà）更均停，雄黃一味為君主，透徹光明用一斤，石黃諸味各四兩，四六火藥配分明，裝入炮中攻打去，破敵衝鋒更殺人。」「火毬」發展成為「砲彈」、「燒夷彈」、「毒氣彈」是火藥發明以後的事，在殺傷力上自然較之原始的「火毬」厲害多了。

《洴澼百金方》上還載有噴火筒，這大概是古代的火焰噴射器。計有「毒龍噴火神筒」、「滿天噴筒」、「追敵竹發噴筒」，大抵都是用茅竹筒，內填硝磺、砒霜、巴豆、煙煤、石灰等，混以黃泥塞口，用膠皮箍（ㄍㄨ gū）其外，引燃後噴出火花，用以做守城之武器，在敵人攀登城牆時，將噴筒繫於長槍上，乘風發火，煙燄撲人，可能有相當效果。

下編

第一章　決勝於廟堂之上——〈始計〉

一、原文

孫子曰：兵者，國之大事，死生之地，存亡之道，不可不察也。

故經①之以五事，校②之以計，而索其情，一曰道，二曰天，三曰地，四曰將，五曰法。

道者，令民與上同意，可與之死，可與之生，而不畏危也。天者，陰陽③、寒暑④、時制⑤也。地者，遠近、險易、廣狹、死生⑥也。將者，智、信、仁、勇、嚴也。法者，

曲制⑦、官道⑧、主用⑨也。凡此五者，將莫不聞，知之者勝，不知者不勝。

故校之以計，而索其情。曰：主孰有道？將孰有能？天地孰得？法令孰行？兵眾孰強？士卒孰練？賞罰孰明？吾以此知勝負矣。將聽吾計⑩，用之必勝，留之；將不聽吾計，用之必敗，去之。

計利以聽⑪，乃為之勢，以佐其外，勢者，因利而制權⑫也。

兵者，詭道⑬也。故能而示之不能，用而示之不用⑭，近而示之遠，遠而示之近⑮。利而誘之⑯，亂而取之⑰，實而備之⑱，強而避之⑲，怒而撓之⑳，卑而驕之㉑，佚而勞之㉒，親而離之㉓，攻其無備，出其不意，此兵家之勝，不可先傳㉔也。

夫未戰而廟算㉕勝者，得算㉖多也；未戰而廟算不勝者，得算少也；多算勝，少算不勝，而況於無算乎？吾以此觀之，勝負見矣。

二、註釋

①經：量度，這裡是分析研究的意思。

②校：比較。

③陰陽：指天象變化（一說為晝夜）。

④寒暑：指氣候冷熱變化。

⑤時制：因時制宜，指對季節氣候之適應。

⑥死生：指「死地」、「生地」而言。可以進退自如的地形，是「生地」，只能前進，後退無路；或者進退兩難的 地形叫「死地」。

⑦曲制：軍隊之組織編制。

⑧官道：設官分職之道，即人事制度。

⑨主用：主，是掌管；用，是度用，即軍需後勤之掌理運用。

⑩將聽吾計：將，有兩種解釋：一是指「將帥」、「主將」而言，讀ㄐㄧㄤˋ jiàng；一是當做助動詞，讀ㄐㄧㄤ jiāng，是「如果」的意思。

⑪計利以聽：計算比較之結果於我方有利，且為君主所聽用採納。

⑫因利而制權：依據利害而採用的權宜之計。

⑬詭道：曹操注「以詭詐為道」，即鬥智以求勝。

⑭能而示之不能，用而示之不用；有能故示無能，欲用兵故示不用兵。

⑮近而示之遠，遠而示之近：欲攻近處，故示欲攻遠處；欲攻遠處，故示欲攻近處。

⑯利而誘之：以小利誘敵。

⑰亂而取之：擾亂敵國內部，乘亂而取之。

⑱實而備之：敵人充實無弱點時，全力戒備之。

⑲強而避之：敵強我弱，宜暫避其鋒。

⑳怒而撓之：撓，挑逗。對於易怒之敵將，以挑逗的方法激怒之。

㉑卑而驕之：故示卑弱以長敵之驕恣。

㉒佚而勞之：佚，通「逸」，安逸之意。敵習於安逸，則煩擾之，使其疲於奔命。

㉓親而離之：敵親密團結則離間之。

㉔先傳：事先傳授。

㉕廟算：古代興師作戰，必先在宗廟告祭；計議兵戎大事亦聚會宗廟。

㉖得算：「算」指計算，原為計數用的竹籌，得算多，即取勝之條件多，或取勝之公算大。

三、語譯

孫子說：戰爭是國家的大事，關係人民的生死，也關係國家的存亡，不能不詳加體察。

所以要自五方面來比較、計算各項細節，以求得其事實。這五方面是：治道、天時、地理、將領、法制。所謂治道，是使人民與其政府之間，具備共同的信念，能在此一信念之下，共生共死，而不畏懼任何危險。所謂天時，是指天象變化、氣候變化、及各種因時制宜之法。所謂地理，是指道路的遠近、地形的險要或平坦、地勢的開闊或狹隘、以及易於逃生的地形或不易逃生的地形。所謂將領，是指為將者必須具備：才智、威信、仁愛、英勇、嚴肅等素養。所謂法制，是指部隊編制、人事制度、軍需補給等。這五方面的事情，作將帥的都不可不知，能深切了解的，便能打勝仗，不了解的，便無法取勝。

所以要從各方面來比較計算，探索敵我之態勢，然後自問：誰的政府施政合於道？誰的將帥具有才能？誰得到天時與地利？誰的法制命令能夠貫徹？誰的軍旅較為強大？誰的

兵士訓練精良？誰的賞罰公正嚴明？從這些比較之中，便可知道勝敗了。

如果君主能聽從我的計算，採納我的計劃，用兵必能打勝仗，我願意留下來襄助；如果不能聽從我的計劃，用兵必敗，我不如早點離開。在比較敵我情勢之後，認為對我有利，而且為君主所採納，再安排各種有利於戰爭之策略，以輔佐作戰之成功，這些策略，就是依據利害而制定的機變方法。戰爭是鬥智手段的運用，所以有能力，故意顯示沒有能力；要用兵，故意顯示不用兵；欲攻近處，故意擺出遠攻姿態；欲攻遠處，故意擺出近攻姿態；或以小利引誘敵人；或在敵人內部製造混亂，再乘亂奪取；當敵人充實無弱點時，全力戒備之；當敵人實力強大時，暫時退避；或者故意挑逗敵人使其發怒；或者故示卑弱使敵人鬆懈；當敵人習於安佚時，設法使其疲於奔命；當敵人內部團結時，設法離間分化；總之，乘著敵人不注意的時候，攻打敵人不防備的地方，這是用兵致勝的祕訣，無法在事先一一傳授。

在戰爭未發生前，先在宗廟裡計算比較敵我雙方的優劣，計算的結果，如果我方優勢條件多，取勝的機會便大，如果我方所占優勢少，則得勝機會亦較少。多做比較計算，對敵我情勢就越有把握；少做比較計算，就沒有把握；何況毫無計算比較呢？從這個觀點來看，勝敗早已可知了。

四、概說

（一）廟算

〈始計〉是《孫子兵法》第一篇，古本兵法原沒有「始」字，只稱〈計〉，後來做註釋的人，或是因為這一篇是十三篇之首；或因為每篇都用兩個字題名，求其對稱起見，才加上「始」字。

「計」的意思很廣泛，在這裡至少有三個涵義：一是計劃、計謀，二是計算、比較，三是預計、分析。在作戰之前，必須詳細計算敵我雙方的優劣條件，研判各種國內國外有關情勢，然後才能預測勝敗的公算，這就是「決勝於廟堂之上」，也就是孫子所說的「廟算」。「廟」是指宗廟、祖廟而言，古代凡興師出征，均集於廟堂之上，以示鄭重與機密，故「廟算」等於今日之最高決策會議，用以決定：要不要作戰？能不能作戰？以及如何去作戰？故「廟算」亦可說是今日之國防計劃（大戰略）。計劃之制定，以「五事」、「七計」為條件，如我方之優勢條件多，則勝算必多；優勢條件少，則勝算必少，如毫不計算，糊里糊塗就出兵作戰，則必然失敗無疑。因此，必須密切注意敵我之間的情勢發展，不斷修訂自己的國防計劃，才能立於不敗之地。

同時，計算必須客觀公正，審慎周詳，而且要多方考量，巨細靡遺，否則預測錯誤，導致喪師亡國之禍，造成人民生命及財產之重大損失，所以孫子在本篇第一句話就說：「兵者，國之大事，死生之地，存亡之道，不可不察也。」「兵」字在古代，涵義很多，如兵士、兵器、兵將、兵法、兵事等，這裡的意思係指「兵事」而言，用現代語辭來解釋，就是指「戰爭」。戰爭之成敗關係國家之生死存亡，自不能不詳加體察，體察之道就是「道、天、地、將、法」五事，以及「主孰有道？將孰有能？天地孰得？法令孰行？兵眾孰強？士卒孰練？賞罰孰明？」等七計。

（二）五事

「道」是什麼？依孫子的解釋是：「令民與上同意，可與之生，可與之死，而不畏危也。」這裡所應注意的是「同意」二字，所謂「同意」就是民（人民）與上（政府）之

間，有共同的思想、目標，能夠「同進趨、齊愛憎、一利害」，要做到這樣，則政府必須親民、愛民，《荀子．議兵》上說：「兵要，在乎善附民而已。」《淮南子．兵略訓》：「兵之勝敗，本在於政。」可見古代政治家均以政治之良窳為作戰用兵之基礎，因此，這個「道」含有政治修明之意，政治不修，窮兵黷武，人民對政府之所做所為自不能「同意」，故政治實為戰爭之根本，唯有全民竭誠擁護的政府，才能無懼戰爭的危險，為實現共同的目標而戰鬥。

所謂「天」，在古代為泛指自然現象之詞，如天象、天文、天時、天候、天災、方位等，這些都是作戰時必須考慮的條件。古代的人多迷信，因此對兵戎之事多講求陰陽五行之道，《左傳》中記載的戰役，多有卜者或巫師隨軍旅而行，作戰之前，往往要先由卜者問其吉凶，不過孫子並不講求陰陽五行之道，他在〈九地〉中說：「禁祥去疑。」〈用間〉中說：「先知者不可取於鬼神。」可以證明他不是重迷信的人，這裡說的「陰陽、寒暑、時制」，主要也是指天候氣象之變化而言，沒有迷信的色彩。

所謂「地」，就是指安營決戰之地，再進一步說，也是主帥對於有利的地理形勢及空間條件之運用，孫子對地形之利用特別重視，在〈九變〉、〈行軍〉、〈地形〉、〈九地〉各篇中，反覆說明一般地形以及戰術及戰略地形之利用要領。明朝何守法註釋這一段時

說：「迂遠則宜緩，切近則宜速，艱險則宜步，平易則宜騎，寬廣則宜眾，窄狹則宜寡，進退不得之死則宜戰，可以出入之生則宜守。」可說是相當有見地。

所謂「將」，是指主將、統帥、將領而言，在戰場上，將帥身負指揮全局的重任，同時也是軍旅團結之中心，其才能之高下，影響戰局之成敗甚大，因此將帥本身的素養極為重要。將帥非人人可為，須具備「智」、「信」、「仁」、「勇」、「嚴」五項條件，才算是合格的將才。「智」，是慎謀不惑，料事應機；「信」，是賞罰分明，號令不爽；「仁」，是愛民無私，成仁取義；「勇」，是臨危不懼，果決無敵；「嚴」，是以身作則，嚴肅有威。這五項條件並不算苛求，但是要具備於一身，卻不是容易的事，因為長於智者，往往短於勇；長於勇者，往往短於仁；長於仁者，往往短於嚴。若只是有長處有短處，倒不致引起大害，最怕的是有所偏頗，明朝何守法說：「蓋專任智則賊，固守信則愚，惟施仁則懦，純恃勇則暴，一予嚴則殘。」這裡說的賊、愚、懦、暴、殘五項，正好是智、信、仁、勇、嚴的反面，為將帥者，如走上偏頗之路，輕則身敗名裂，重則喪師辱國。

所謂「法」，就是制度化，軍事行動講求的是效率，要求快速、靈活，才能收如臂使指之效，這必須在平時就建立良好制度，戰時方能發揮力量，所以部隊的編組合理，人事制度上軌道，財務及軍需補給健全，便是獲勝克敵的一大保障。

（三）七計

七計：主孰有道？將孰有能？天地孰得？法令孰行？兵眾孰強？士卒孰練？賞罰孰明？是知己知彼的工夫，也是對敵我情勢的綜合判斷，這包括政治、指揮統御、氣象、地形、士氣及紀律、訓練及戰力等比較。

「主孰有道？」是在政治方面作比較，看看那一方面的領導者得民心，有號召力量，為人民擁護。例如：韓信批評項羽「匹夫之勇，婦人之仁，名雖為霸，實失天下人心」；而認為漢高祖入關後秋毫無犯，除秦苛法，深得秦民之愛戴。就是以雙方的政治措施做比較。

「將孰有能？」是對雙方將帥之指揮統御能力方面作比較，蜀漢時，昭烈帝（劉備）伐吳，連營七百餘里，有間諜將劉備之兵力配置報告魏國，魏主曹丕對群臣說：「備不曉兵，豈有七百里營，可以拒敵乎！」七日之後，劉備果然大敗於東吳陸遜之手。

「天地孰得？」是指利用氣候變化做掩護，或利用地形優勢克制敵人。唐朝時，李愬（ㄙㄨˋ sù）乘大風雪之夜，一舉攻下蔡州，是善於利用天時；諸葛亮赤壁破曹操，是占了南人擅水戰的地利，這都是對氣象地形的判斷。

「法令孰行？賞罰孰明？」則是對士氣紀律的判斷。齊景公時，以司馬穰苴為將，抵禦燕晉之師，而派莊賈監軍，穰苴與莊賈約定日中會於軍門，結果莊賈全不放在心中，至夕方至，穰苴以其誤失戎時，按軍律斬之，於是三軍振肅，爭先赴戰，擊退晉燕之師，可見法令之徹底執行，賞罰之公正嚴明，與士氣紀律有直接關係。

「兵眾孰強？士卒孰練？」則是對戰力及訓練的判斷。兵貴精不貴眾，烏合之眾，雖多亦無用，兵之精銳強悍，全仗平素之訓練，所以練步法使之整齊，練戰技使之精熟，練耳目使之不驚，練心志使之不亂，練膽氣使之不懼。明代戚繼光練兵，常令士卒立於大雨中數小時，不稍動如山嶽，所以百戰百勝，號稱「戚家軍」。戰力之強弱，與平時訓練有密切關係。

（四）十二詭道

孫子說：「兵者，詭道也。」對用兵之奧妙一語道破，戰陣用兵雖本乎仁義，然克敵致勝則無不依靠鬥智鬥力，但詭詐計謀並非致勝之唯一要素，為將帥者更不可一味好用

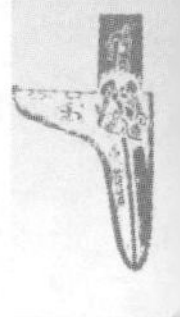

詐術，所以孫子先強調「道」、「天」、「地」、「將」、「法」五事，然後才談「詭道」；「五事」是恆久不變的原則，「詭道」是針對一時一地的特殊情況而變應的手段，這一點只要看孫子說：「計利以聽，乃為之勢，以佐其外。」便可以知道其主從本末，如果用兵全以詭謀為主，焉知我能謀人，人不能謀我？必然會陷於危險境地了，作戰斷不能置「詭道」不顧，亦不能全依「詭道」，這是孫子強調的原則。

孫子列舉的「詭道」計十二項：「能而示之不能」、「用而示之不用」、「近而示之遠」、「遠而示之近」、「利而誘之」、「亂而取之」、「實而備之」、「強而避之」、「怒而撓之」、「卑而驕之」、「佚而勞之」、「親而離之」，都是欺敵、乘敵的方法，歷史上這種例子很多。

例如：漢高祖時，陳豨（ㄒㄧ xī）造反，和匈奴聯合進犯，高祖派人去偵察，都說敵人很弱，一擊便敗，只有劉敬不以為然，認為其中有詐；但是高祖不聽勸阻，一味深入，結果被困白登，幾乎送命。又如：春秋時，鄭武公欲伐胡人，先以女嫁之，表示友好，再向群臣問道：「用兵征伐，當以何國為宜？」有人表示應伐胡人，武公不但不採納，反而斬倡言伐胡者，胡人知道後，認為鄭國親善，不再防備，孰料鄭武公準備完成後，一舉滅胡，這便是「能而示之不能，用而示之不用」。

又如：二次世界大戰時，盟軍計劃在英國對岸諾曼第登陸，但是卻連續不斷在比利時、荷蘭一帶偵察，一切情報都顯示盟軍將在北部發動大規模攻勢，於是吸引德軍增防北部海岸，反使諾曼第一帶防禦薄弱，於是盟軍便乘虛而入，完成史無前例的大登陸。這便是「近而示之遠，遠而示之近」。

又如：漢獻帝時，曹操戰袁紹大將文醜，下令輜重在前，部卒在後，諸將都說：「輜重在前，必會被敵人搶去。」曹操笑而不言，兩軍一接觸，文醜軍果然搶掠輜重，曹操不僅不加抵擋，反而令士卒縱放馬匹。文醜軍搶輜重又去搶馬匹，以致陣法大亂，曹操乘機進攻，打了一個大勝仗。這便是「利而誘之，亂而取之」。

又如：三國時，蜀昭烈帝（劉備）大舉攻吳，吳以陸遜為主將，堅壁不出，蜀人不斷侮罵，諸將不能忍耐，紛紛要求作戰，陸遜一概不准。相持數月後，終於用火攻，一舉擊敗劉備，這就是「實而備之，強而避之」。在敵人的力量強大、又沒有弱點時，先避其鋒芒，等待機會，一旦發現弱點，立刻集中全力，一舉殲滅。

又如：三國時，諸葛亮伐魏，司馬懿只是堅守不戰，諸葛亮乃送婦人之衣冠羞辱之，用意在指責其怯懦，但是司馬懿不為所動，諸葛亮也只有無功而退，這便是「怒而撓之」。至於越王句踐兵敗之後，臣服夫差，處處卑躬屈膝，生聚教養，使夫差日益驕縱，

終於一舉復國，雪恥復仇，這便是「卑而驕之」。

又如：明朝時，沈希儀在柳州剿匪，賊來則守，賊去則追，而且軍旅行動保持機密，有時故意布置疑陣，聲東擊西，使賊人日夜不得休息，更派人至賊巢附近放火發礮擾亂，使賊疲於奔命，這便是「佚而勞之」。

又如：三國時，馬超、韓遂同領兵進擊曹操，韓遂與曹操有舊交情，陣前相遇，曹操特地縱馬和韓遂交談很久，談的都是當年舊事，事後馬超追問，韓遂只說：「無所言也。」馬超便起了疑心，不久曹操又遞交一封信給韓遂，信上故意用筆塗塗改改，馬超向韓遂要信來看之後，以為韓遂隱瞞真相，私通曹操，兩人心中起了猜疑，曹操便乘機進擊，馬超終於大敗而逃，這便是「親而離之」。

孫子在說完十二詭道之後，還用八個字做一總結，這八個字就是：「攻其無備，出其不意。」一切「詭道」都以此為基礎，因為「無備」與「不意」是弱點所在，而用兵行詭謀非針對敵人之弱點不可，一切欺敵手段之運用，目的皆在於使敵人暴露弱點，不做防備，或不曾預料，然後我們才能克敵致勝。「詭道」之運用，需要隨機應變，往往因時、因地、因人、因事而異，所以孫子說：「此兵家之勝，不可先傳也。」

第二章 速戰速決——〈作戰〉

一、原文

孫子曰：凡用兵之法，馳車①千駟②，革車③千乘，帶甲④十萬；千里饋（ㄎㄨㄟˋ kuì）糧⑤，則內外⑥之費，賓客⑦之用，膠漆之材⑧，車甲之奉⑨，日費千金⑩，然後十萬之師舉⑪矣。

其用戰也貴勝，久則鈍兵挫銳⑫，攻城則力屈⑬，久暴師⑭則國用不足。夫鈍兵、挫銳、屈力、殫貨⑮，則諸侯乘其弊⑯而起，雖有智者，不能善其後矣！故兵聞拙速⑰，未睹巧之久也；夫兵久而國利者，未之有也。

故不盡知用兵之害者，則不能盡知用兵之利也。善用兵者，役不再籍⑱，糧不三載⑲，取用於國，因糧於敵，故軍食可足也。國之貧於師者遠輸，遠輸則百姓貧，近於師者貴賣，貴賣則百姓財竭，財竭則急於丘役，力屈財殫，中原內虛於家，百姓之費，十去其七，公家之費，破車罷馬⑳，甲胄矢弩，戟楯蔽櫓㉑，丘牛大車㉒，十去其六。

故智將務食於敵，食敵一鍾㉓，當吾二十鍾，萁稈㉔一石，當吾廿石。故殺敵者怒也，取敵之利者貨也。故車戰，得車十乘以上，賞其先得者，而更其旌旗，車雜而乘之，卒善而養之，是謂勝敵而益強。

故兵貴勝，不貴久；故知兵之民，民之司命㉕，國家安危之主也。

二、註釋

①馳車：輕車也，即快速輕便的戰車。

②駟：乘也，一車套四馬叫做駟，一駟即一乘。

③革車：輜重車輛，載器械、財貨、衣裝等。
④帶甲：穿戴盔甲的士卒，指軍隊而言。
⑤饋糧：運送糧食。
⑥內外：指前方後方，或指國內國外。
⑦賓客：指各國之使節往來。
⑧膠漆之材：指製作、保養弓矢甲楯等作戰器械所需之各種物資。
⑨車甲之奉：指車輛武器之保養補充。
⑩千金：鉅額錢財。
⑪舉：出動、行動。
⑫鈍兵挫銳：兵器弊鈍，士氣挫折。
⑬力屈：力量用盡。
⑭暴師：暴露軍旅於戰場。
⑮屈力殫貨：力盡財竭。
⑯弊：疲困，指危機而言。
⑰拙速：平實快速，就是「寧速毋久，寧拙毋巧」的意思。

⑱役不再籍：只召集服役一次，不再作第二次之徵召。役，是發兵役；籍，是伍籍，也就是現在所謂的戶籍。

⑲糧不三載：載，運送之意，指運糧支援作戰，不超三次。

⑳破車罷馬：罷，同「疲」字，意思是戰車破損，戰馬疲憊。

㉑戟楯蔽櫓：戟，是將戈與矛兩種武器的長處合在一起的一種兵器；楯，同「盾」；蔽櫓，是大的盾牌。

㉒丘牛大車：指輜重車輛而言，丘牛即是大牛。

㉓鍾：古代容量單位，每鍾是六斛（ㄏㄨˊ hú）四斗。

㉔萁稈：萁，同「萁」字，是豆稭；稈，是禾稈。均為牛馬飼料。

㉕司命：古時星座名，傳為司人類之壽命，此處借喻為命運的掌握者。

三、語譯

孫子說：就用兵作戰的法則而言，準備一千輛戰車及一千部輜重車輛，配合十萬帶著

甲冑的戰士，自千里之外運輸糧食，那麼國內國外的軍費，外交情報的支出，膠漆器材的補充，車輛甲冑的修護，每天都要用鉅額金錢，然後十萬大軍才能行動。

大軍出戰，以取得勝利為第一要務，時間拖延一久，則兵器鈍弊，士氣挫折，攻擊時戰力消耗殆盡，加以長久用兵在外，必使國家財用不足。如果兵器鈍弊、士氣受挫、戰力疲憊、財用枯竭，別國諸侯便會乘我們衰疲之際入侵，這時雖是有智謀之領導者，也無法善後了。所以用兵只宜平實迅速，不可逞巧持久，長時間用兵作戰，而對國家有益者，是從沒有的事。

所以不能徹底理解用兵的害處，就不能真正了解用兵的益處，善用兵的將領，在動員一次兵卒之後，絕不做第二次徵召，載運糧秣也不會超過三次，軍事裝備為求合用，皆取之國內，但是糧秣則取之於敵人，如此則軍隊糧食可以充足。國家在作戰時發生貧困的現象，是因為要運送糧秣給遠方軍旅，遠道軍糧會使百姓困苦；靠近軍隊的地區物價飛漲，物價飛漲則人民財富枯竭。人民財富枯竭而政府又急於徵收各種稅捐，以致力量用盡了，財富耗光了，家家都是空架子，老百姓財產的損失總在十分之七左右。而政府的支出，像破損的戰車、傷殘的馬匹，裝具弓矢、兵器楯牌、以及牛隻車輛等的耗費，總在十分之六左右。

所以高明的將領，務求在敵人的國境內補充糧食，吃一鍾敵人的糧，抵得上自己二十鍾；吃敵人一石豆稈秣草，就抵得上自己二十石。此外，要士卒勇敢殺敵，須激起其敵愾之氣；要奪取敵人之物質，須以財貨重賞士卒。比如在車戰時，能奪取敵軍十輛以上，當重賞那俘獲者，更要改換旗幟，加入我方軍旅之使用，對於俘虜的敵軍，也要妥為安置，這才是既戰勝敵人而又使自己壯大的道理。

因此，用兵作戰以求得勝利為首要，絕不能拖延長久，一個深知兵法的將帥，能掌握人民的命運，也是國家安危存亡的主宰。

四、概說

（一）後勤支援

〈作戰〉係《孫子兵法》第二篇。春秋時代作戰的方式主要是車戰，所以各國往往以兵車數量之多寡來衡量一個國家的實力，此即所謂萬乘之國、千乘之國、百乘之國的分別。

在春秋時代的初期，作戰規模並不大，雙方如果出動三五百乘兵車，便已經算是大的戰役了。到了後來，殺伐漸漸熾烈，戰爭規模愈來愈大，兵車數量也愈來愈多，因此戰爭的消耗直接影響國家的財政，一場大戰往往使國家元氣大傷，所以在出兵作戰之前，應該先就出兵之多少，計算後勤支援，否則以有限之人力與資源，必然無法供給長時期的戰爭耗費。

孫子在本篇開始就說：「凡用兵之法，馳車千駟，革車千乘，帶甲十萬，千里饋糧；內外之費，賓客之用，膠漆之材，車甲之奉，日費千金，然後十萬之師舉矣！」春秋時代，各國軍隊的編制不盡相同，大體上說，兵車分為兩種，一種是專任攻擊之責的，稱馳車、攻車或駟車；這種車輛較輕巧，速度也較快。另一種兵車專任運輸支援之責的，稱重車、守車或革車，用皮革縵其輪，籠其車轂，行動較慢，能裝重載，也較為穩固。司攻擊之責的兵車，皆配置相當數目的兵卒，數量多少並不完全一致，但是大體上說，兵車上乘載三人，車左主射，車右持矛，另外一人則專司駕御馬匹。此外再配屬兵士七十二人，與兵車協同作戰，作戰時，這七十二人分成三隊，計前拒（前鋒）一隊，左右角兩隊，形成一個戰鬥隊形。至於專司輜重補給的革車，則配置二十五人，其任務分配是，炊夫十人，守裝（警衛）五人，廄養五人，樵汲（雜役）五人，作戰時革車隨後，專司後勤支援任務。照孫子所謂「馳車千駟，革車千乘」來計算，馳車一千乘，計為七萬五千人；革車一千乘，計為二萬五千人，正好是「帶甲十萬」。

按周代井田制度，八家為井，四井為邑，四邑為丘，四丘為甸；作戰之時，每甸出戎馬四匹，牛十六頭，駟車一乘，重車一輛，甲士步卒等一百人，也正好符合上述的戰鬥編組。不過依此來推算，則每「甸」有五百十二戶人家，需要出丁一百人加入戰鬥，就動員數量而言，是相當可觀的。不過到了春秋末期，井田制度已非原來面貌，軍旅動員亦不可能全按這種比例，但是無論如何，興師十萬人的場面，在當時來說仍需要費極龐大的後勤支援力量的。春秋時代的大戰役像「城濮之戰」，晉國以五年之力準備作戰，而動員之兵車數目，不過七百乘而已，其他戰役，如「鞍之戰」，晉軍八百乘；「殽之戰」，秦軍三百乘，其規模在當時來說，都是非常驚人的。

孫子就指出，輸送糧食於千里之外的費用，國內外戰事的特別費用，外交及情報費用等，日費千金鉅款，十萬大軍才能行動，可見金錢實為作戰之第一要素。無怪西方軍事家要說：「戰爭的第一條件是金錢，第二是金錢，第三還是金錢。」國之軍力與其財力有密切之關係，在這一點上，東西雙方是一樣的。

（二）兵貴勝，不貴久

戰爭既然要耗費龐大的財力，因此大軍出征作戰，以爭取勝利為首要，時間拖延愈久，則愈使軍隊疲憊，銳氣盡失，漸漸喪失了戰鬥力量。尤其是攻城戰，既費時日，又使軍力消耗殆盡，同時長久暴露軍旅於戰場上，必使國家的財政經濟枯竭。如果在這個時候有第三國乘虛而入，企圖坐收漁人之利，或襲擊、或干涉、或壓迫、則雖有智謀之將帥，也無法善後了。

「鈍兵挫銳，屈力殫貨」，是孫子所提出來的用兵大忌，歷史上因為犯這種錯誤，而遭致失敗的例子很多，如樂毅攻齊國三年，獨不能下莒城與即墨，最後反使田單復國；隋陽帝濫施征伐，力屈於雁門之下，兵挫於遼水之上，於是楊玄慼、李密乘弊而起；二次世界大戰，希特勒進兵蘇俄，攻莫斯科不下，攻列寧格勒亦不下，使戰力消耗無算，終遭敗績；這都是犯了「鈍兵挫銳，屈力殫貨」的大忌。作戰必須依恃一股銳氣，所謂：「一鼓作氣，再而衰，三而竭。」銳氣一失，久戰無功，不但士氣消沉，後勤補給也發生問題，進退兩難，只有失敗一途了。

所以孫子強調：「兵聞拙速，未睹巧之久也。」意思就是宜速不宜久，凡戰爭愈久，其害處愈大，雖勝利亦得不償失。不過對於「拙速」二字，歷來各家註釋並不一致，但是「拙」絕不會是指「笨拙」而言，因為孫子以「智」為將帥應具備的五項條件之首，斷不會以笨拙的觀點來衡量，所以這裡說的「拙」應該是「大巧若拙」的「拙」，即寓精巧於平凡之中，作戰斷不能炫於花巧，否則「弄巧成拙」，一敗塗地。「巧」是詭道之類，可用於一時，「拙」是平實簡單，但是可行於長久，作戰不但要求平實，還要求快速，所以用「拙速」二字，就是強調用平實簡易之手段，儘速結束戰爭。明李贄注解「拙速」時說：「寧速毋久，寧拙毋巧，但能速勝，雖拙可也。」足以發揮孫子的本意。

由於戰爭具有破壞性，戰爭拖延愈久，造成生命、財產的損害也愈大，所以孫子說：「不盡知用兵之害者，則不能盡知用兵之利。」戰爭之害在久，久則弊端隨之而生，但是戰爭同樣也有其利的一面，此即隨勝利而來的各項戰果，唯有速戰速決，才能維持戰果，不致損耗於久戰之中，因此只有知久戰之害者，才能力求速戰之利。這就是孫子希望：「役不再籍，糧不三載。」就是說僅做一次的動員，召集必要的兵力之後，迅速擊敗敵人，迅速結束戰爭，不必再有第二次動員，以免民勞生怨。至於糧食之裝載輸送，也僅以兩次為限，絕不超過三次，以免國內的糧食不足，發生飢荒現象。「役不再籍」是節省民力，

古代社會以農業生產為重心，農事稼穡最需要人力，如果農民都徵調去作戰，田地荒蕪，必導致國家經濟之崩潰，所以動員必要兵力之後，盡量不再徵召。「糧不三載」是強調軍糧徵集自民間，超過兩次，則民無餘糧度日，必造成民間之混亂，而且遠道運糧支援前方作戰，在交通不便的古代，也是一件很不方便的事，即使要大量支援前線，在運輸的能力上，恐怕也是不可能的，唯有速戰速決，才是致勝之道。

（三）以戰養戰

孫子說：「國之貧於師者遠輸，遠輸則百姓貧。」古代交通不便，遠道運輸，全仗人力與獸力，既受運輸工具之限制，又浪費時間，糧秣輾轉於道路之上，都被運送的人、獸消費掉了，所以「遠輸」實在是一大負擔。而且戰事一起，國內物價必因之而飛漲，即所謂：「近於師者貴賣」，物價飛漲，則人民困苦，物資缺乏。而且戰爭所引起的物資缺乏，是惡性循環的，愈是物資缺乏，愈要向人民征收，各種派捐增稅都加諸人民身上，依孫子的計算：「百姓之費，十去其七」、「公家之費，十去其六」，這是說，人民所得被征收的，總在十分之七左右，就政府來說，一切戰爭兵器之耗費補給；其支出總在十分之

六左右。十去七、十去六，雖是一個約略估計的數字，但是耗費之鉅可見一斑。

所以孫子一再強調「因糧於敵」，即奪取敵國之糧秣，以給養自己軍旅，而且說：「食敵一鍾，當吾二十鍾，萁稈一石，當吾廿石。」一鍾，相當於六石四斗；一石，相當於一百廿斤，古代運糧，全仗牛車、馬車及人力擔負，遠程輸送，受氣候影響、意外損失、以及運送人畜消耗，到達目的地者，不過是二十分之一而已，所以能利用敵人一鍾糧食，便可抵得上本國二十鍾，古代運糧之艱苦，可以想見。在歷史上也有這樣的記載：「秦征匈奴，率三十鍾，而致一石。」三十鍾糧運到目的地，只餘一石，其損耗是驚人的，無怪乎左宗棠平定陝甘新疆回亂時說：「餉難於兵，糧難於餉，運難於糧。」

遠道運輸既如此困難，政府及民間又因為支援作戰，而不堪負荷鉅大戰費，故「以戰養戰」的策略為最有效的支援作戰方法。歷史上不乏「以戰養戰」之例，如西元前二一八年，迦太基名將漢尼拔，統率十萬士卒，越庇里牛斯山脈，進入義大利半島，轉戰十年之久，一切補給均取之於敵，並沒有得到迦太基的後勤支援，完全是「以戰養戰」。又如蒙古帝國襲捲亞洲、歐洲時，亦是就地搶掠，就地補給，所以孫子說：「智將務食於敵。」又說，「勝敵而益強。」都是藉戰鬥中掠取敵人的物資壯大自己。為了鼓勵士卒掠取，必須「賞其先得者」，使之奮勇向前，一代奸雄曹操，在注解《孫子兵法》這一段時，有這

樣的話：「軍無財，士不來，軍無賞，士不在。」雖然是十足的功利主義，但是實在是一針見血的話。

不過「因糧於敵」、「務食於敵」的「以戰養戰」思想，並非絕對可行的，如果敵人實行「堅壁清野」政策，把一切可以資敵的東西，悉行破壞，則「食於敵」的構想，必成幻想。例如拿破崙之進兵俄國，俄人堅壁清野，又將莫斯科付之一炬，適天降大雪，拿破崙之軍隊既無禦寒之處，又無糧食充飢，六十萬大軍一潰不可收拾，逃歸法國者，不過十分之一二而已。因此，「因糧於敵」有其必要條件，首先要考慮天時、地利，是否合適於我；其次要保持迅速機動，即孫子說的「拙速」，唯有用兵神速，在敵人意料不到、來不及破壞一切時，乘虛而入，才能得到戰果。漢尼拔之能轉戰義大利半島十年之久，蒙古之能席捲歐亞，全仗其機動神速，因此，以戰養戰固然是作戰方策，但是孫子在本篇結尾還是強調：「兵貴勝，不貴久。」

第三章　不戰而屈人之兵——〈謀攻〉

一、原文

孫子曰：凡用兵之法，全國①為上，破國②次之；全軍③為上，破軍次之；全旅為上，破旅次之；全卒為上，破卒次之，全伍為上，破伍次之。是故百戰百勝，非善之善者也；不戰而屈人之兵，善之善者也。

故上兵伐謀④，其次伐交⑤，其次伐兵⑥，其下攻城。攻城之法；為不得已；修櫓⑦轒轀⑧，具器械⑨，三月而後成，距闉⑩，又三月而後已；將不勝其忿，殺士卒三分之

一，而城不拔者，此攻之災也。

故善用兵者，屈人之兵，而非戰⑪也；拔人之城而非攻⑫也；毀人之國，而非久⑬也。必以全爭於天下，故兵不頓⑭，而利可全，此謀攻之法也。故用兵之法，十則圍之，五則攻之，倍則分之，敵則能戰之，少則能守之，不若則能避之，故小敵之堅，大敵之擒⑮也。

夫將者，國之輔也，輔周⑯則國必強，輔隙則國必弱。故軍之所以患⑰於君者三：不知三軍之不可以進，而謂之進；不知三軍之不可以退，而謂之退，是謂縻軍⑱。不知三軍之事，而同⑲三軍之政，則軍士惑矣。不知三軍之權，而同三軍之任，則軍士疑矣。三軍既惑且疑，則諸侯之難至矣，是謂亂軍引勝⑳。

故知勝者有五：知可以戰與不可以戰者勝，識眾寡之用者勝，上下同欲㉑者勝，以虞㉒待不虞者勝，將能而君不御者勝，此五者，知勝之道也。

故曰：知彼知己，百戰不殆㉓；不知彼而知己，一勝一負；不知彼，不知己，每戰必敗。

二、註釋

①全國：保全一國之完整。

②破國：與「全國」相反，指國家受損傷。

③軍、旅、卒、伍：故代軍隊的編制單位，一伍計五人，一卒計百人，一旅計五百人，一軍計一萬二千五百人。

④上兵伐謀：最好的用兵方法是以謀略屈服敵人。

⑤伐交：以外交途徑屈服敵人。

⑥伐兵：以武力戰勝敵人。

⑦櫓：大盾，用以防矢石。

⑧轒轀：是古代攻城用的四輪車，用排木製作，上蒙牛皮，以防矢石，可以容納十人（一說數十人）。

⑨具器械：準備攻城用的器械。

⑩距闉：闉（ㄧㄣ yīn），通「堙」，土山。距闉是用以攻城而堆積的土山。
⑪非戰：指不用交戰之方式取勝。
⑫非攻：指不用硬攻的方式取人城池。
⑬非久：不會曠日持久。
⑭頓：通「鈍」，指疲憊、受挫的意思。
⑮小敵之堅，大敵之擒：力量弱小的軍隊，如只知硬拚，必成為強大敵人的俘虜。
⑯輔周：輔助周備無缺。
⑰患：危害、貽害。
⑱縻軍：縻，羈縻、束縛。即束縛軍旅，使之進退失據。
⑲同：參與、干涉。
⑳亂軍引勝：擾亂自己的軍隊，而導致敵人的勝利。
㉑同欲：同一意念。
㉒虞：有準備。
㉓殆：危險、失敗。

三、語譯

孫子說：戰爭的法則，以保全國家不受損失為上策，國家受損失，雖戰勝也是差了些；不必血戰，保全一軍為上策，一軍受到損傷就差了些；保全一旅為上策，受到損傷就差些；保全一卒為上策，受到損傷就差些；保全一伍為上策，受到損傷又差些。所以，打一百次仗，勝了一百次，算不上高明中的高明，能夠不經戰鬥而使敵軍降服，才是最高明的。

所以用兵最上策就是以謀略的方式使人屈服，其次是用外交的方式使敵人屈服，再次就是用強大的軍力使敵人屈服，最下策就是攻擊敵人的城池堡壘。攻擊敵人的城池堡壘實在是不得已的辦法，製造大盾，攻城車及各種器械，需要三個月的時間才能完成，再修築攻城的土壘陣地等，又需要三個月的時間，將帥覺得太慢，不能克制其焦躁忿怒，下達攻擊命令，士兵像螞蟻一樣，爬到城牆上攻牆，死傷達三分之一，而城池仍攻不下來，這是進攻城堡的最大災禍。

所以善用於兵的統帥，不經戰鬥而能屈服敵人，不經攻堅而能取得敵人城池，不需長久時間而能摧毀敵國，處處都把握住使自己完整無缺的原則，爭勝負於天下，所以戰力不受傷害，戰果卻能完全獲得，就是用謀略來作戰的法門。因此，用兵的法則是：有十倍優勢的兵力，可四面包圍；有五倍優勢的兵力，可集中力量攻擊之；有兩倍優勢的兵力，可分兵自正面及側背攻擊；雙方兵力相等，可伺機與敵決戰。如果比敵人兵力少，則暫時堅守，避免決戰；如果自身軍力差得太遠，則可轉進閃避。總之，力量弱小的軍隊，如不自量力的硬碰硬，就必成為強大敵人的俘虜了。

將帥是國家的支柱，將帥武德周備，國勢必強，如果才德不周，國家必衰弱。國君對軍事方面的為害有三樣：不應該進軍時，下令進軍，不應該退兵時，下令退兵，這就叫牽制用兵；其次，不懂軍政而妄行處理軍政，使將士迷惑，無所適從；再次，不懂兵法上的權謀變化，而負起將帥一樣的任務，使士卒疑懼。軍隊如果產生疑懼，必使敵國乘隙而來，這就是攪亂自己的軍旅，導致敵人的勝利。

所以求得勝之公算有五點：第一，先要知道什麼情況之下可以作戰，什麼情況之下不可以作戰的，能獲得勝利；了解這場戰役究竟要配置多少兵力的，能獲得勝利；政府與人民具有共同信念的，能獲得勝利；自己準備充分，而敵人準備不足的，能獲得勝利；將帥

有才能，而君主不加牽制的，能獲得勝利。這五樣是預知勝負的先決條件。所以說：了解敵人，也了解自己，可以經歷百次戰役，而不致發生危險；雖不了解敵人，但充分了解自己的能力，勝負的機會各占一半；不了解敵人，又沒有自知之明，每次作戰必遭失敗。

四、概說

（一）全勝思想

〈謀攻〉是《孫子兵法》第三篇，作戰用兵，殺伐熾烈，無論得勝一方或失敗一方，皆有重大的傷亡之損耗，所以最上策就是既能取得勝利，又能保全自己實力，不受任何損傷，因此用謀略的方式，不經血戰而屈服敵人之軍旅，獲致最完整的戰果，是用兵的最高境界。所以孫子在本篇一開始就提出五個「全」字——全國、全軍、全旅、全卒、全伍，主要目的在強調以「全」爭天下，也就是希望在不傷絲毫的情況下，取得「全勝」。

至於孫子所說的軍、旅、卒、伍，是周代的兵制，周制以五人為伍，五伍為兩，四兩為卒，五卒為旅，五旅為師，五師為軍，一軍計一萬二千五百人。但是作戰時的編組絕不會一成不變的，《管子．小匡》上就有：五人為伍，五十人為小戎，二百人為卒，二千人為旅，萬人一軍的說法。《公羊傳》上有二千五百人稱師的說法；《說文》上也有以四千人為一軍的解釋，可以看出古代部隊編制並不相同，各國因時、因地、因不同戰役，各有自己一套編組方式。

作戰用兵，不論裝具如何精良，訓練如何精熟，總有傷亡，雖勝亦有傷戰力，所以孫子說：「百戰百勝，非善之善者也，不戰而屈人之兵，善之善者也。」要想不戰而屈人之兵，唯有使用政治、外交等手段，使敵人於無形無聲，不知不覺中，削弱實力，造成不得不屈服我的形勢，才能達到兵不血刃的目的，這便是「伐謀」與「伐交」。

「伐謀」就是謀略戰，謀略戰要運用智慧，訂出適切的政略，誘使敵人陷於模稜兩可，猶疑不決的錯誤政策中，促使敵人懾服於我方的政治壓力，使其處處被動，舉棋不定，驚惶失措，而使我方能以最微少的代價，獲致最大戰果。「伐交」則是外交戰，外交戰則係利用外交策略，分化敵人之與國，聯合自己的友邦，拉攏中立的第三國，使敵人陷於孤立無援的境地，即所謂不越樽俎之間，折衝千里之外。

不論「伐謀」或「伐交」，都是側重於精神或心理上的壓力，近代著名兵學家李德哈達在闡述其「大戰略」思想時，曾有這樣的話：「儘管戰鬥是一種物質上的行為，可是其指導，卻是一種心理上的程序，戰略愈高明，則愈容易把握有利機會，而只須付出最低的成本。」又說：「一個人的被殺死，只不過損失一個戰鬥員而已，但一個神經受到震動之人，即可成為恐怖之現象。在戰爭較高階段中，若能在對方指揮官之心理上，造成一種印象，則其結果，即可瓦解其整個部隊之作戰力量。而在戰爭之最高階層中，對於一個國家之政府，若能加以心理上之壓迫，更足以癱瘓其所有一切作戰力量，即如一個人之手掌癱瘓，則刀劍當然會從其手中落下。」這兩段話，正是對「伐謀」與「伐交」的最好註釋，戰爭之最高境界，就是使敵國陷於進退兩難，不知所措的癱瘓境地，而我方乘此良機，予取予求。

「伐謀」與「伐交」都是沒有戰場的戰鬥，都是利用敵人的心理弱點及現實利害，步步進逼、處處主動，因此在實行過程中，很難區分其先後層次，不過善「伐謀」者必善「伐交」，善「伐交」者亦必善「伐謀」，兩者常交互為用。例如蘇秦、張儀之合縱、連橫，是謀略戰與外交戰的統合運用，「謀」雖著眼於政略方針，「交」著眼於利害取捨，但是在實際運用上，須相互配合，才能收相得益彰之效果。

再進一步說，孫子固然強調「不戰而屈人之兵」的「全勝」觀念，但是「不戰」並非「無戰」，尤其在實行謀略與外交時，必先具備可勝之戰力及必戰之決心，才能形成較敵人優越的戰略態勢；否則，一味空談謀略或外交，缺乏貫徹的決心和實力，是起不了任何作用的。因此，孫子在「伐謀」、「伐交」之後，還舉出「伐兵」，而且說：「兵不頓而利可全。」可見「伐謀」、「伐交」之目的，在保全兵之「不頓」（沒有重大傷亡），以及利之「全」（戰果完整）。假如沒有強大的武力做基礎，謀略與外交即缺乏有力的支持，流於空談了。因此，「伐謀」、「伐交」、「伐兵」是一貫的順序，「伐謀」、「伐交」只是手段，是在大戰略及國家戰略著眼上的一種高級層次，如果「不戰」不能達到目的時，則須用「十則圍之」、「五則攻之」的強大力量，一舉殲滅敵人。所以「不戰」只是不流血之戰而已，「伐謀」、「伐交」是達到不流血之目的而使用之手段，最後仍需要武力做最後的解決。

孫子最反對的便是硬碰硬的「攻城」，古代攻奪城池，既耗人力、物力，又曠久費時，與「兵貴速，不貴久」的原則相背，攻城必經惡戰，惡戰必有重大傷亡，與「全勝」的原則相反。此所以孫子說：「殺士卒三分之一，而城不拔者，此攻之災也。」與「伐謀」、「伐交」、「伐兵」來比較，「攻城」自然是最笨拙，也是最難奏效的方式，站在求「全」

的立場，寧可以野戰、會戰的方式來解決，也不宜採用這種傷亡率極高的「攻城」方式。例如蒙古軍素稱驃悍，戰無不勝、攻無不克，縱橫歐亞大陸，獨於南宋末年攻四川釣魚城，十年無功，元憲宗蒙哥亦在圍攻中傷亡，實為孫子所說「其下攻城」之最佳例證。

（二）野戰要領

在運用謀略戰和外交戰之後，到了不能不相見於戰場的時候，對兵力的配置及運用就不能不詳加考量。依孫子的說法，我方如在優勢兵力的情況之下，可以「十則圍之，五則攻之，倍則分之」。在兵力相當，或居於劣勢的情況下，可以「敵則能戰之，少則能守之，不若則能避之」。這是屬於野戰戰法的要領，是站在量的觀念上談作戰方法，也就是依敵我兵力的多寡，來決定作戰方式。所謂「十則圍之」，就是我方兵力占十倍以上的絕對優勢，可以用以大吃小的辦法，包圍殲滅。所謂「五則攻之」，就是我方兵力在次優勢或相當優勢的情況下，可以集中全力，一舉進擊。所謂「倍則分之」，則是我軍在數量上比敵軍多一倍，若用包圍的方式，戰力分散，不易致勝，若一舉進擊，又恐敵人主力退避，因此或分兵擊其兩側，或分兵繞其背後，或設奇兵以分散敵軍，務使敵軍殲滅而後止。

「圍之」、「攻之」、「分之」這三種方式，都是我軍在優勢兵力之下的安全打法。

至於敵我兵力相當，孫子主張「戰之」，即盡全力與敵軍作戰，因為彼此具有對等的力量，全力一戰，勝負難斷，只要我有死戰之決心，必有得勝之機會。如果我軍處於劣勢兵力，而敵人在量的方面超過我的時候，宜採取守勢，藉防禦的方式，使敵人無法得逞。如果我軍既處於劣勢兵力，又在不宜採取防禦的環境之下，種種條件都比不上敵人時，就應當避免與敵人正面接觸，做適當的轉進，然後待機而動，這就是：「少則能守之，不若則能避之。」

就孫子所列舉的野戰要領來看，含有兩項基本的概念：一是主動，一是彈性。所謂「主動」，即是先發制人的處理行動，所謂「彈性」，即是隨機應變的變化能力。戰場上常有不可預期的狀況發生，在我軍占優勢時，固然要主動捕捉敵人主力以殲滅之，在劣勢情況時，更須採取主動，在戰術上形成局部之優勢，以空間換取時間，積小勝而為大勝，然後逐漸爭取戰略上之主動。在爭取主動的過程中，常有不可逆料的狀況出現，因此絕不能墨守成規，一成不變，必須把握戰機，彈性伸縮，相機應變。孫子所說的「圍之」、「攻之」、「分之」、「戰之」、「守之」、「避之」，無一不是主動原則和彈性原則的運用，依據敵我兵力之優勢，判斷何時用「圍」、「攻」、「分」，何時用「戰」、「守」、「避」，

而贏取最後的勝利。

不過，古代作戰兵器簡單，雙方之裝備相差不遠，士卒數量之多寡，往往成為決定勝負之主要因素，所以孫子所說的：「十」、「五」、「倍」、「敵」、「少」、「不若」等，都是指數量而言，而且也是指常態狀況之下的基本戰法。在戰史上固然有寡可以擊眾，少可以勝多，弱可以制強的例子，像少康以一旅中興，田單以兩城復國，班超以三十六人縱橫西域，都是在量的方面處於絕對劣勢，而最後扭轉劣勢而為優勢。但是我們必須注意，這些成功的戰例，還有許多其他相配合的因素輔佐，並非微小數量的兵力所能勝任的。寡可擊眾，眾自然更具備擊寡之條件，其關鍵全在誰能掌握「主動」與「彈性」的原則而已，所以孫子說：「識眾寡之用者勝。」就是這個意思。

（三）統帥權

將帥統軍，負國家之重任，繫天下之安危，因此常要求統帥權之完整，以期能遂行其決心，完成其使命。而君主往往因顧忌軍權旁落，外重內輕，又恐怕將帥心懷二志，或功高震主，所以對統帥權的賦予，常懷戒心，因此形成了統帥權應否獨立的問題。自古以來

就有「國不可從外治，軍不可從中御」的說法，孫子則說得更清楚明白，他認為國君侵犯統帥權有三種禍患，即「縻軍」、「惑軍」、「疑軍」，這三種禍患都是干涉軍旅的指揮系統，影響戰略術的執行。因此他堅決反對君主任意干預統帥權，他自己就曾經對吳王說過「將在軍，君命有所不受」的話，並且將違反命令的宮女斬首（見《史記．孫子列傳》），以求軍令之貫徹，可見孫子向來是主張統帥權獨立的。

統帥權的獨立完整，對作戰用兵而言，實有絕對之必要，戰場上瞬息萬變，一國元首在後方遙制，自無從了解戰場情況，唯有指揮官身處戰地，才能知道何時應進、何時應退，如果必須請示而後可，則戰機稍縱即逝，一切情況必完全不同了。如二次大戰時，德軍指揮官古德林，挾其精銳之裝甲部隊，長驅直入法國，英軍及盟軍之退路僅鄧克爾克一處，此時古德林之前鋒距鄧克爾克不過十哩，但是希特勒一再嚴令禁止前進，而二十二萬英軍及其他十一萬盟軍，得以乘機由海路撤退。兩月後，德軍再度進擊，則機會已失，只有望洋興嘆了。統帥權之遭牽制，影響戰局至鉅。

國君有時還不僅干涉戰略戰術，甚至過問軍政，以不知兵之近親或佞宦監軍，其弊害之大，尤過於干涉戰略戰術。以宦官監軍，在我國唐朝時最盛，往往戰勝則爭功，戰敗則諉過，使得將帥處處受其掣肘，士卒無所是從，對統帥權可說是徹底破壞。

還有的國君，急功求利，不明戰場的實際情況，總以為統帥沒有盡力而為，或懷疑其別有異心，在戰爭進行中撤換主帥，造成失敗的命運。這種情形在戰史上亦有許多，例如燕伐齊，樂毅下齊國七十餘城，而只有即墨和莒兩城死守不降，久攻不下，燕王便撤換樂毅，代之以騎劫，結果田單反攻，敗燕復齊。又如趙與秦國戰於長平，廉頗為將，堅壁固守，趙王不耐，換趙括為將，輕敵出戰，結果大敗，一夜之間遭秦軍坑殺四十萬。這都是國君「不同三軍之事，而同三軍之政；不同三軍之權，而同三軍之任」的結果，統帥權自有其獨立性和完整性，國君不宜妄做干預。所以孫子說：「將能而君不御者勝。」就是這個道理。

第四章　勝兵先勝——〈軍形〉

一、原文

孫子曰：昔之善戰者，先為不可勝①，以待敵之可勝②；不可勝在己，可勝在敵③。故善戰者，能為不可勝，不能使敵必可勝；故曰：勝可知，而不可為④。

不可勝者，守也；可勝者，攻也。守則不足，攻則有餘⑤。善守者，藏於九地⑥之下；善攻者，動於九天之上；故能自保而全勝也。

見勝，不過眾人之所知，非善之善者也；戰勝，而天下曰善，非善之善者也。故舉秋

毫⑦，不為多力；見日月，不為明目；聞雷霆，不為聰耳。古之善戰者，勝於易勝者也；故善戰者之勝也，無智名，無勇功。故其戰勝不忒⑧，不忒者，其措⑨必勝，勝已敗⑩者也。故善戰者先立於不敗之地，而不失敵之敗也。是故勝兵先勝⑪，而後求戰；敗兵先戰⑫，而後求勝。

善用兵者，修道⑬而保法⑭，故能為勝敗之政。兵法：「一曰度⑮，二曰量⑯，三曰數⑰，四曰稱⑱，五曰勝；地生度⑲，度生量⑳，量生數㉑，數生稱㉒，稱生勝㉓。」故勝兵若以鎰㉔稱銖㉕，敗兵若以銖稱鎰，勝者之戰，若決積水於十仞㉖之谿㉗者，形也。

二、註釋

①先為不可勝：先使自己不致被敵人戰勝。

②以待敵之可勝：以等待時機勝敵。

③可勝在敵：取勝的機會在於敵人是不是暴露弱點。

④勝可知，而不可為：善戰之將帥，能鞏固自己，使敵不能勝我，但不輕言勝敵，所以說：勝利

雖可預計而知，但不能勉強造成。

⑤守則不足，攻則有餘：採取守勢，是因為取勝條件不足；採取攻勢，是因為取勝條件充裕。

⑥九地、九天：古人常用「九」來代表最多數，九地，是說深不可測；九天，則是高不可測。

⑦秋毫：原指獸類在秋天新長的細毛，此處係比喻非常輕微。

⑧不忒：忒，誤、疑之意。不忒，無疑、無誤，確實有把握之意。

⑨措：措置、處置。

⑩已敗者：指處在失敗形勢中的敵人。

⑪勝兵先勝：能打勝仗的軍隊，總是先創造必勝的條件。

⑫敗兵先戰：只有失敗者，才抱僥倖心理，先與敵人開戰。

⑬修道：指政治、軍事等各方面條件的準備。

⑭保法：確保法制。

⑮度：判斷戰區之大小，戰線之長短。

⑯量：布署及計劃，指戰場之容納量。

⑰數：所需之人力物力之數量。

⑱稱：權衡，比較雙方政治及軍事的良窳。

⑲地生度：依地形之險易、廣狹、死生等情形，作出戰區戰線的判斷。

⑳度生量：根據判斷，計量出戰場容納量，加以布署。

㉑量生數：根據戰場情況，決定所需之人力物力之數量。

㉒數生稱：權衡雙方之人力物力，予以比較計算。

㉓稱生勝：比較計算之後，制定周密計劃，雖未戰，而已勝券在握。

㉔鎰：古代的重量單位，一鎰為二十四兩（一說為二十兩）。

㉕銖：亦為重量單位，二十四銖等於一兩。「銖」、「鎰」之間相差五百多倍，用以形容實力之懸殊。

㉖千仞：古代的長度單位，八尺為仞，千仞比喻極高。

㉗谿：山中之澗。

三、語譯

孫子說：從前善於用兵作戰的人，總是先創造有利形勢，使自己不被敵人戰勝，然後等待可能戰勝敵人的機會。使敵人無可乘之機，是操之在我的；敵人有沒有犯錯誤，而使

我有得勝機會，卻是操之在敵人的。所以善於用兵作戰的人，能使自己無機可乘，不讓敵人有可勝的機會，但是不能使敵人必定為我所勝。所以說：勝利固可以預知，但是敵人有無可乘之隙，卻不能勉強造成。

當我無法戰勝敵人時，應採取防守方式，可能戰勝敵人時，應採取攻勢。防守是由於取勝條件不足，進攻則是因為我有充裕的力量。善於防守的，像深藏在地底一樣，使人無法窺知虛實；善於進攻的，像飛躍於高空一樣，使人無從防備，所以既能保全自己，又能取得完全勝利。

一般人都能預見或預知的勝利，不是最高明的勝利；經過力戰取勝，人人都讚好的，也不是高明的勝利。就像舉起秋毫那樣輕的東西，算不得力量大；看得見日和月，算不得眼睛好；聽得見雷聲，算不得耳朵靈一樣。古時善於用兵作戰的，他的取勝都是在無形之中，所以勝得很容易，因此善用兵作戰者的勝利，既顯不出智謀的名聲，也看不出勇武的功勞，因為他的取勝都是有把握的，其所以有把握，是因為他的措置都已先站在勝利之基礎上，自然能勝過那些已經露出失敗徵兆的敵人。所以善於用兵作戰者，先要站在不失敗的基礎上，使敵人無機可乘，而且不要錯過敵人敗亡之機會。所以勝利者都是先創造必勝的條件，然後再與敵人作戰；只有失敗者，總是先與敵人作戰，然後再僥倖求勝。

善於用兵者，修明軍政，確保法制，所以能主宰勝敗。用兵之法是：一為判斷戰區、戰線，二為布署計劃投入的力量，三為需要人力、物力的數目，四為比較權衡雙方政治及軍事的良窳，五為戰勝敵人。根據地形產生作戰判斷，根據判斷產生布署計劃，根據布署決定人力物力的數量，根據數量比較權衡，最後得出勝算之結果。所以掌握勝利契機的軍隊，占有絕對的優勢，就像拿鎰來稱銖一樣，失敗的軍隊正好相反，像拿銖來稱鎰，居於絕對的劣勢。掌握勝利契機的軍旅，在作戰的時候，像從八千高的山澗中，放出積水一樣，勢不可當，這就是敵人無從抗拒的形勢了。

四、概說

（一）軍形的意義

〈軍形〉是孫子第四篇，要旨是說軍事上勝利態勢之形成。明朝何守法的註釋是：「軍形者，彼我兩軍攻守之形，雖因情而著，實謀為隱顯者也；謀深則形隱，而人不可知，謀

淺則形顯，而人皆可見。故次於謀攻為第四，大抵此篇主於先能自治，祕之莫測，然後徐察敵形而巧乘之，斯為用兵之妙，非示詐形誤敵者比也。」這段話的意思是說，兩軍對壘，雙方都盡量找敵人的弱點，而隱藏自己的弱點，但是弱點並不是靠隱藏就可以消失的，先要有自知之明，把自己的弱點一一校正，這就是「先能自治」，然後才可立於不敗之地，再去觀察敵人的弱點，一舉擊潰之。因此這個「形」不是擺出虛張聲勢的樣子，或是用詭詐手段欺騙對方，而是自身做起，藉本身之不斷改進，扭轉形勢。例如：戰國時，趙王派李牧守雁門關，抵禦匈奴；李牧上任後訓練士卒騎射，整修烽火臺，派間諜四出偵察，經常賞賜士卒，但嚴禁士卒與匈奴衝突。

這樣過了幾年，匈奴以為李牧是個膽小的人，趙王也很不滿意，將李牧撤換，另派將領代替。結果每次與匈奴交戰，都吃了虧，於是再令李牧回任，李牧說：「大王要用我，一定要用以前的方式。」趙王只得同意。李牧果然像以前一樣，又過了幾年，匈奴認定了李牧是膽小鬼，士卒也因長期休養，都摩拳擦掌，想好好打一仗，於是李牧開關放牧，把牛羊縱放出去，引誘匈奴深入，一舉殲滅之，經過這一次教訓，匈奴人十餘年不敢接近雁門關。

由此可知有利形勢之造成，完全操之在我；孫子在〈虛實〉中說：「兵形象水。」水

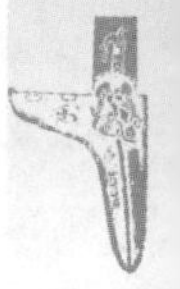

本來是無形的，因方圓之器而賦以不同之形，因此形勢有其變動不居的性質，一旦積點滴之水，成千仞之谿，激發而下，則勢如萬馬奔騰，沒有任何力量可以抵擋，所以孫子解釋「形」是：「若決積水於千仞之谿者，形也。」再具體一點說，水的本性雖然是至柔的，但如將它堰住，集成多量，便會變成至大至剛的力量。形勢的造成亦復如此，從局部的、片斷的轉變中，逐漸形成全面的、整體的改變，就像水一樣，從至柔變成至剛，這就是孫子說的：「善用兵者，修道而保法，故能為勝敗之政。」「修道」、「保法」就是用兵作戰之前，將政治、軍事、經濟、精神等力量，完成充分之準備，以奠定絕對優勢之基礎，故〈軍形〉並非單純的軍事優勢，而包括政治、經濟、軍事、精神在內的整體形勢。

一旦整體形勢超越對方，則敵人必處處受制，步步困阨，孫子的比喻是：「故勝兵若以鎰稱銖，敗兵若以銖稱鎰。」鎰比銖重四五百倍，拿這種相差極端的比重，來做優勢與劣勢的對比，以強調掌握整體形勢之重要。而整體形勢之掌握全以「修道」、「保法」及基礎，即〈始計〉中所說的「道、天、地、將、法」五事，能在「五事」、「七計」中超越敵人，則整體優勢必已形成，即如「積水千仞之谿」，軍事行動不過是決其口，使之飛激而下而已，明白這個道理，〈軍形〉的意義自可體會到了。

（二）先勝布署

善用兵者，在整體形勢上先做到不敗的要求，這就是先在戰爭準備上與戰略態勢上求萬全，使敵人無懈可擊無機可乘，即或敵人傾國來犯，我已有充分準備，可以自保，使敵知難而退。如果敵人在力量上占絕對優勢，我也以用戰略上的有利態勢，使其「貨殫力屈」、「鈍兵挫銳」之餘，露出弱點，再逐次扭轉戰局，這就是「先為不可勝，以待敵之可勝」。這種「不可勝」是操之在我，有賴於萬全的準備，但是戰勝敵人，卻不是勉強可以辦到的，要看敵人是否妄動而自露破綻。由此可知，孫子的「先勝」思想，絕非侵略主義，戰爭固以求勝為要，可是如求勝的目的是侵略別人的話，必引起民怒人怨，遭致激烈之抵抗；戰爭初期，侵略者可能攻城掠地，頗有所獲，一旦曠久費時，必遭本身人民之反對，及第三國之干預，師勞兵疲之餘，陷於進退兩難境地，這時初期之優勢漸失，戰況失利，國力耗費，終至失敗。究其根本原因，是把侵略視為戰爭目標，侵略不能得逞，則整體優勢盡失；況且為制裁侵略，或為挽救危亡而應戰的一方，屬於「哀兵」，在道德與真理上，都是必勝的，所以孫子說：「勝可知，不可為。」蓄意侵略，勉強造作勝利，必然

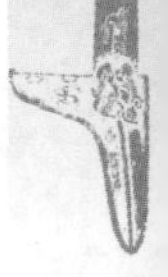

走上失敗命運。

日本侵華失敗適足以作為明證。當時中國統一不久，民生凋蔽，亟待建設，日軍則挾現代化精良裝備，無論武器及訓練均超過中國，侵華八年，在戰場上占盡了優勢，但是最後還是免不了失敗，究其原因，就是以侵略為戰爭目標，雖攻城略地，但是無法屈服中國人的意志，基本形勢上就犯了「不可為而勉強為之」的致命錯誤。在戰略上又犯輕敵的毛病，未集中兵力，以致逐次動員，分批投入，陷於中國之廣大空間中，戰力消耗殆盡。反觀中國，先在先總統　蔣公領導之下，沉著埋首做「先為不可勝」的準備工作，確定攘外必先安內，鞏固內部團結；採取長期抗戰原則，力求以空間換取時間；楬櫫和平未到絕望之時絕不放棄和平，犧牲未到最後關頭絕不輕言犧牲，以鼓勵民心，振奮士氣；更誘使日本改變由北向南之作戰路線，而為由東向西進攻之作戰路線，使國軍主力及物質能從容向大後方撤退，終於使日寇陷入泥淖，獲致最後之勝利，凡此種種均為「先為不可勝」之工夫，也就是「先勝布署」。

有完善的先勝布署，才能立於不敗之地。先總統蔣公曾說：「真正戰爭打在開火之前，最後勝利決於準備之日。」此一箴言正可與孫子所說的：「勝兵先勝，而後求戰；敗兵先戰，而後求勝。」互相印證，蓋勝、敗之整體形勢，並不是作戰開火之後才形成，而是在戰前就造成的了。像日寇侵華一樣，先戰而後求勝，雖在戰場上有斬獲，但是終不免一敗，就是忽視了「勝兵先勝，而後求戰」的道理。

（三）修道保法

在〈始計〉中，孫子曾提出「廟算」，在〈軍形〉之末，又再度提出預計勝算之要訣，他舉出「度」、「量」、「數」、「稱」、「勝」五個計算程序。「度」是量物長短之器，亦作「謀」解，凡是心中計慮稱之為度，在此應做判斷之意，判斷作戰面之大小，戰線之長短；「量」是容量之器，在此應做布署計劃之意，計劃持續作戰之潛力與能力；「數」是計算，指人力物力之數量；「稱」是權衡，比較政治的良窳與雙方戰力的短長；將以上四項合計起來，便是第五項的「勝」。「地生度、度生量、量生數、數生稱、稱生勝」的連續關係，是對「廟算」的進一步分析，也是對「五事」、「七計」的補充，可視為軍事戰略布署要領。

同時在講到「度」、「量」、「數」、「稱」、「勝」五要訣之前，孫子又再次強調：「善用兵者，修道而保法，故能為勝敗之政。」可見「修道保法」是致勝之基礎。孫子特

別重視政治修明，「五事」的第一件是「道」，「七計」的第一條也是「主孰有道？」「道」就是政治上開誠心、布公道，修明政治；厲行法治，然後人民能擁護政府，做到「令民與上同意」，雖危不懼、雖死不怨，故軍事與政治實有不可分的關係。除了「道」以外，孫子還強調「法」。「法」的目的是建立制度，貫徹命令，《商君書》上說：「凡用兵，勝有三等，若兵未起而措法（建立法制），措法而俗成，俗成而用具。此三者必行於境內，而後兵可出也。」把軍事與法制解釋得非常清楚；孫子在「五事」的最後一項，「七計」的五項，都提到「法」，可見其對「道」、「法」的重視程度。唐杜牧注《孫子兵法》這一段時說：「道者，仁義也，法者法制也。善用兵者，先修理仁義，保守法制，自為不可勝之政，伺敵有可敗之隙，則攻能勝之。」這段話確能把握孫子的精義。

至於說「地生度」、「度生量」、「量生數」、「數生稱」，這是就敵我之國土大小，作戰地形之遠近、險易、廣狹、生死，以及人力、物力、財力之多寡，作一較量，以求在地形、兵力、補給上取得有利的形勢，盡量以我之長，制敵之短，在決戰方面，製造我方之絕對優勢，予敵人以致命之打算。「地」、「度」、「量」、「數」是作戰計劃及戰術考慮的範圍，作為「修道」、「保法」之補充，就整體的先勝態勢來看，必先「道」勝、「法」勝，然後求其「地」勝、「度」勝、「量」勝、「數」勝，才能成為真正的「勝者」，具備這樣

絕對優勢的「勝者之戰」，自然如「決積水於千仞之谿」，所向披靡了。

（四）攻勢與守勢

就先勝態勢而言，「攻」與「守」自有其權衡得失之處，宜攻或宜守，不可一概而論，孫子說：「不可勝者，守也；可勝者，攻也。」「守」是靜態，我不攻擊人，自無從取勝，人不攻擊，亦無敗理，所以說「不可勝」；「攻」是動態，我可以利用集中之兵力，攻敵之弱點，在某一點發揮壓倒性優勢，所以說是「可勝」。但是，無論「攻」、「守」，必先衡量自己的條件，適合「攻」者乎？適合「守」者乎？採取守勢，是因為本身條件不足；採取攻勢，是因為本身有充足的條件，不必顧慮防守；所以孫子說：「守則不足，攻則有餘。」

就學理上而說，無論攻勢或守勢都是換取所需要之時間；攻勢是在動態中換取所需時間，守勢在是靜態中換取所需時間。攻勢換取時間的目的是在適當的時間內，用積極的作戰行動，捕捉對方的主力而消滅之；守勢換取時間的目的是利用適當的時間，延緩敵人的行動，或就地決戰，或待機轉移主力，伺機決戰。所以孫子形容「攻」與「守」說：

「善守者，藏於九地之下；善攻者，動於九天之上。」「九天」比喻高速，「九地」比喻深密，攻勢自然是越快越好，自空而降，防不勝防；守勢自然是越深越好，使敵人找不到主力，保全自己的力量；因此，不論「攻」、「守」都要運用巧妙，才能收到效果。

就實際運用來說，守勢不如攻勢，防守的一方，每每感覺處處均應守，處處均需防，備多力分，兵力不足；攻勢的一方，力專而形有餘，可以選擇敵人的弱點，集中全力重點打擊，所以歷來將帥多主張攻勢。但是孫子雖然說：「守則不足，攻則有餘。」的話，絕不是認為「守」不足取法，在一定的條件之下，守勢自有其必要，況且，「守」並不是「不攻」，往往有戰略上採守勢，而戰術上採攻勢者，戰略採守勢是因為整個形勢不利於我，或缺乏攻勢之條件；戰術上採攻勢是希望攻擊牽制、干擾敵軍，或轉移、遲滯敵軍，以保全主力，其最終目的，是要待有利時機的到來，易守為攻，發動反攻。「守勢」只是條件不足時，採取的手段，只要守得好，一樣可以取勝，「攻」與「守」各有其一定條件，必能先期考慮各項條件的配合，才決定攻守原則。

第五章　正合奇勝——〈兵勢〉

一、原文

孫子曰：凡治①眾如治寡，分數②是也。鬥眾如鬥寡，形名③是也。三軍之眾，可使必受敵④而無敗者，奇正⑤是也。兵之所加，如以碫⑥投卵者，虛實⑦是也。

凡戰者，以正合，以奇勝⑧。故善出奇者，無窮如天地，不竭如江河，終而復始，日月是也；死而復生，四時是也。聲不過五，五聲⑨之變，不可勝聽也。色不過五，五色⑩之變，不可勝觀也。味不過五，五味⑪之變，不可勝嘗也。戰勢不過奇正，奇正之變，不可勝窮也。奇正相生，如循環之無端⑫，孰能窮之哉！

激水⑬之疾，至於漂石⑭者，勢也。鷙鳥⑮之擊，至於毀折者，節也⑯，是故善戰者，其勢險，其節短，勢如張弩⑰，節如機發⑱。

紛紛紜紜⑲，鬥亂⑳，而不可亂也。渾渾沌沌㉑，形圓㉒，而不可敗也。亂生於治㉓，怯生於勇㉔，弱生於強㉕。治亂，數也㉖；勇怯，勢也㉗；強弱，形也㉘。故善動敵者，形之㉙，敵必從之；予之，敵必取之；以利動之，以實待之。

故善戰者，求之於勢，不責於人㉚，故能擇人任勢㉛；任勢者，其戰人㉜也，如轉木石，木石之性，安㉝則靜，危㉞則動，方則止，圓則行。故善戰人之勢，如轉圓石於千仞之山者，勢也。

二、註釋

①治：治理、管理。

②分數：編組之意。李贄注：「分，謂偏裨卒伍之分；數，謂十百千萬之數，各有統制之意。」

③形名：指軍隊指揮用的旗號。曹操注：「旌旗曰形，金鼓曰名。」

④受敵：受敵人之攻擊。

⑤奇正：指古代軍隊作戰的變化和常法，其含義甚廣，如先出為正，後出為奇；明戰為正，暗攻為奇；正面作戰為正，側翼作戰為奇。

⑥碫：礪石，喻其堅硬。

⑦虛實：在用兵上，有弱點叫做虛，沒有弱點叫做實，此處是喻以我之實，擊彼之虛。

⑧以正合，以奇勝：以用兵的正常法則，作堂堂正正的合戰，然後順應戰況變化，用奇兵取勝。

⑨五聲：古代以宮、商、角、徵、羽代表五個音階，再加上變徵、變宮，與西洋音樂的七音階，大體相同。

⑩五色：古代以青、黃、赤、白、黑五種顏色為基本色彩。

⑪五味：古代以酸、苦、甘（甜）、辛（辣）、鹹五種為基本味素。

⑫循環之無端：繞著圓環旋轉，沒有盡頭。

⑬激水：奔流急速之水。

⑭漂石：漂動石頭。

⑮鷙鳥：鷹類，凶猛之鳥。

⑯節：時間、空間調節得恰到好處。

⑰張弩：弩，是強弓，弓身裝有機括，張弩即拉開機括。

⑱機發：機，指機括；機發就是扣扳機。

⑲紛紛紜紜：紊亂，杜佑注：「紛紛旌旗像，紜紜士卒貌。」指旌旗士卒一片紊亂。

⑳鬥亂：在紊亂中戰鬥。

㉑渾渾沌沌：狀況不明，杜佑注：「渾渾車輪轉形，沌沌步驟奔馳。」指作戰時勝敗難分的混亂場面。

㉒形圓：形指布署而言，形圓是說布署周嚴，四面八方都能顧到。

㉓亂生於治：在一定條件下，由反面之運用，達到正面之效果，混亂之戰鬥是由有秩序之治理而產生。

㉔怯生於勇：故意對敵表示怯懦，必須自身具有真正之勇氣。

㉕弱生於強：要裝作弱勢的樣子，必須本身具備強勢的條件。

㉖治亂，數也：隊形之嚴整或混亂，均是數，即作戰部隊數量之組合。

㉗勇怯，勢也：對敵人顯示勇敢或怯懦，均為態勢之運用。

㉘強弱，形也：表現強大或弱小的姿態，這是戰力展示的形態。

㉙善動敵者，形之：善於引誘敵人，使敵人盲動者，會故意用各種假象（形），使敵人迷惑。
㉚求之於勢，不責於人：在整個戰略戰術的形勢上，力求超越敵人，而不苛求部屬。
㉛擇人任勢：選擇適當的人才，充分利用形勢。
㉜戰人：指揮部卒與敵作戰。
㉝安：地勢平坦。
㉞危：地勢陡斜。

三、語譯

孫子說：治理人數眾多的部隊，要像治理人數少的部隊一樣，這是屬於分散編組的問題。指揮大部隊作戰，如同指揮小部隊作戰一樣，這是屬於號令的問題。大軍人數眾多，要使其一旦受攻擊而不失敗，這是「奇」、「正」運用的問題，要能像用礪石敲鷄蛋一樣，所向無敵，這是「虛」、「實」的問題。

大凡作戰，都是以用兵的正常法則與敵合戰，然後順應戰況變化，用奇兵取勝。所

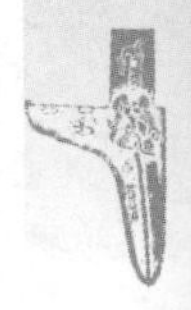

以善於出奇制勝的將帥，就像天地那樣變化無窮；又像江河那樣奔流不竭；周而復始，像日月的循環；從凋枯到生長，像四季變化一樣，生生不息。聲音不過是宮、商、角、徵、羽五種音階，但是其配合變化就讓人聽不完；顏色不過是青、黃、赤、白、黑五種基本色彩，配合變化就讓人看不完；味覺不過是酸、苦、甘、辛、鹹五種味素，配合變化就讓人嘗不完；作戰的形態不過是「奇」、「正」兩種，然而其配合變化，卻是無窮無盡。「奇」、「正」互相變化，如同順著圓環旋轉一樣，沒有盡頭，永遠無止境的。

湍急的流水快疾奔瀉，以致能漂移石塊，這是由於有強大的勢。凶猛的飛鳥，高飛疾下，能毀拆獸骨，是因為善於調節遠近的關係。所以善於用兵的將帥，其氣勢險強如張滿的弓弩，其節奏快捷如扣發扳機，使敵人不能抵擋。

在紛紜混亂的狀態中作戰，要使自己的軍隊不亂；在渾沌不清的情況下打仗，必須把隊伍布置妥當，使敵人無機可乘。在一定的條件下，「治」可以表現出「亂」，「勇」可以表現出「怯」，「強」可以表現出「弱」，「數」是軍隊編組，為治亂之本；「勢」是破敵之藝術，為勇怯之根本；「形」是配置布署，為強弱之所決。所以善於引誘敵人的將帥，常故意做出弱怯的姿態，使敵人受到欺騙，或予敵人小利，引誘敵人行動，然後以勇強的實力待機襲之。

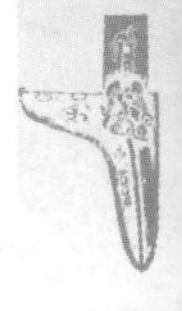

所以善用兵作戰的將帥，只會在戰爭態勢上求勝，不會苛責部屬，因而他能選擇適當人才，利用有利形勢。善任勢的將帥，他與敵作戰，好像轉動圓木和石頭一樣，圓木、石頭的特性是放在平坦的地方較穩定，放在陡斜的地方就容易轉動，遇方正即停止，遇圓斜即轉動。所以高明的將帥造就之態勢，如同把圓木、石頭從八千尺的高山往下滾，勢不可擋，這就是軍事上所謂的「勢」。

四、概說

（一）兵勢的意義

〈兵勢〉是《孫子兵法》第五篇，上接〈軍形〉，下連〈虛實〉，有承先啟後的作用。「勢」最初見於〈始計〉：「勢者，因利而制權也。」是孫子講完「五事」、「七計」後，提出來用以「佐其外」的，兵學家蔣百里先生說：「勢者，即詭道。然詭道之界說有二：一曰奇正，一曰虛實。此篇（指〈兵勢〉）專論奇正之詭道，以兵勢不過奇正一句，為一篇之綱領也。」明李贄也說：「勢者，機也；機動而神隨。故言軍形，次言兵勢。……勢雖神妙，總不過奇正，奇正雖變，總不出虛實。」這都是把〈軍形〉、〈兵勢〉、〈虛實〉三篇連貫起來，成為一個體系。

「勢」是力的表現，如水勢、火勢，軍旅由靜止之狀態，迅速運動，所造成的威力，就是「兵勢」。比如猛鷙之擊、惡虎之搏，一定先要斂其翼、踞其身，做準備攻擊的預備動作，這就是「形」，預備動作的目的，是找尋目標的弱點，決定應該從什麼地方下手，這就是觀其「虛實」。一旦動作完成，虛實測定，即如猛鷙抓兔、惡虎撲羊，一擊中的，這就是「勢」的運用。孫子用許多比喻來說明「勢」的威猛，像：「激水之疾，至於漂石者，勢也。」「轉圓石於千仞之山者，勢也。」「勢如張弩，節如機發。」等，都是證明「勢」是一種力的表現，也是主動、迅速的戰爭原則。

所以「兵勢」由「軍形」而來，拿〈軍形〉裡的積水做例子來說，積水本是「形」，「勢」潛伏其中，是靜止不動的，可是如決其口，積水自千仞之谿飛激而下，則造成無與倫比之「勢」。因此「形」是靜態，「勢」是動態。清夏振翼注解《孫子兵法》說：「兵勢者，破敵之勢也。形，欲其隱，所以使敵不測也。勢，欲其奮，所以使敵莫禦也。故次軍形。」「形」意味著敵人不可勝我的萬全布署，「勢」意味著我必勝敵的攻擊動作，軍隊之

態勢，如平靜無變化，則不能發生任何決定性力量，即使敵不能敗我，我也無從勝敵，必須予敵人致命之一擊，才能獲得決定性的勝利。

因此「形」與「勢」實在是一體之兩面，一靜一動，寓動於靜，孫子說：「任勢者，其戰人也，如轉木石，木石之性，安則靜，危則動，方則止，圓則行。」木石本是在靜止狀態的，不去轉動它，永遠不會產生動力，但是放置在千仞高山之上，滾動而下，運動速度增大，其威力就無法遏止了。所以「形」、「勢」運用，實為作戰之本，能善用形勢，必能發揮最大力量。

（二）兵勢運用

兵勢首在作戰布署，所以孫子在本篇起首即講「分數」、「形名」、「奇正」、「虛實」；「分數」是部隊編組，「形名」是號令指揮，「奇正」是戰法變化，「虛實」是制敵弱點。這些都是兵勢布署之要點。再進一步言，「分數」、「形名」是指揮，「奇正」、「虛實」是戰術，正確的指揮配合高明的戰術，才能發揮勢的力量。

關於「分數」、「形名」，孫子的解釋是：「治眾如治寡」、「鬥眾如鬥寡」，意即治理及指揮大軍如臂使指，簡單明瞭，因為編組恰當，指揮系統健全，縱是數百萬大軍，亦可由統帥一人運用自如。《吳起兵法》上就曾說到指揮方法：「教戰之令：短者持矛戟，長者持弓弩，強者持旌旗，勇者持金鼓，弱者為廝役，智者為謀主。」這就是依各人所長，分配職務，予以編組，即孫子說的「分數」。編組完成；然後：「鄉里相比，什伍相保，一鼓整兵，二鼓習陣，三鼓趨食，四鼓嚴辦，五鼓就行，聞鼓聲合，然後舉旗。」就是下達號令，依號令行動，即孫子說的「形名」。

關於「奇正」、「虛實」，孫子的解釋是：「三軍之眾，可使必受敵而無敗。」「兵之所加，如以碫投卵者。」所謂「必受敵」就是能受得住敵人之攻擊，這是「先為不可勝，以待敵之可勝」，一旦敵人不能得逞，我則適時轉移攻勢，一經轉移攻擊，即如以石擊卵，攻無不克，戰無不勝，這是奇、正、虛、實變化運用。

「分數」、「形名」都是強調本身的組織和規律，「奇正」、「虛實」則是擊破敵人的組織和規律，在戰場上兩軍紛紛紜紜、渾渾沌沌，打得天昏地暗時，好像很亂，而我有健全的組織和預定的規律，實際上不會混亂，敵我之間雖然雜沓不分，隊形陣法雖然糾纏失形，但部隊仍在我各級幹部掌握之中，指揮並不困難，這就是孫子說的：「紛紛紜紜，鬥亂，而不可亂也。渾渾沌沌，形圓，而不可敗也。」正因為我的一切行動都有組織、有規

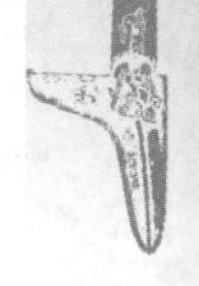

律，各級部隊分別向其目標和任務邁進，整個部隊行動一致，所以敵人不能搖撼我，而我能採取主動，觀測敵人虛實，使敵隨我的動作而動作，隨我的移動而移動，一切戰場情況，均在我全盤掌握之中，這就是孫子說的：「故善動敵者，形之，敵必從之；予之，敵必取之；以利動之，以實待之。」全句強調一個「動」字，如敵我均不動，戰場均勢不能打破；我動敵不動，則敵人以逸待勞，我未必有絕對把握；因此我動也希望敵動，但是敵人動的位置方向應在我掌握之中，所以「形之」、「予之」使敵人發生錯覺，向我所設定的假象去運動，我可以在敵人妄動之中，一舉將之擊潰。

但是戰場交鋒，不但是動作的比賽，而且是力量的較量，孫子說：「治亂，數也；勇怯，勢也；強弱，形也。」誰能做到「數」、「勢」、「形」，才能掌握戰機，獲得勝利，這一切都要本身具備充足的實力。所以孫子說：「亂生於治，怯生於勇，弱生於強。」本身必須真正的「治」、「勇」、「強」，才能有戰勝敵人的把握，也才能製造「亂」、「怯」、「弱」的假象，使敵人輕舉妄動，墜入我的戰術布署之中。

（三）正合奇勝

孫子說：「凡戰者，以正合，以奇勝。」這句話成為兵家之至理名言，歷來將帥無不奉為圭臬。老子也曾說過：「以正治國，以奇用兵。」這意思是說：政治是「正」，戰爭是「奇」，拿這個觀點來看《孫子兵法》，〈始計〉上說的「五事」、「七計」的常經就是「正」，所謂詭道權變則是「奇」；再逐次推展，則「伐謀」為「正」，「伐兵」為「奇」；「軍形」為「正」，「兵勢」為「奇」，由此可知，「正」是常道，是不變的原則，「奇」是權變，是因時、因地、因人、因事而制宜的手段，「常」與「變」相互配合，缺一不可。

作戰用兵更須注意何時用「正」，何時用「奇」，關於「奇正」的注解，說法很多，曹操說：「先出合戰為正，後出為奇。」李筌說：「當敵為正，旁出為奇。」賈林說：「當敵以正陣，取勝以奇兵。」梅堯臣說：「動為奇，靜為正。」大抵都從「奇正」的本質做解釋。

只有何延錫說：「兵體萬變，紛紜混沌，無不是正，無不是奇；若兵以義舉者正也，

臨敵合變者奇也；我之正，使敵視之為奇，我之奇，使敵視之為正；正亦為奇，奇亦為正；大抵用兵皆有奇正，無奇正而勝者，幸勝也。」這是自奇正運用來解釋，用兵有正常的原則，也有非常的手段，依正常原則布署，可以「必受敵而無敗」；用非常的手，出其不意，攻其無備，則能無失敵之敗。因此用險求勝謂之「奇」，佯動欺敵亦謂之「奇」，敵認為我空虛而實際上準備周全亦謂之「奇」，敵認為我實備而我卻是空隙亦謂之「奇」，忽正忽奇，忽實忽虛，奇正相生，虛實相輔。

孫子說：「故善出奇者，無窮如天地，不竭如江河。」「正」與「奇」是互變的，正是因為奇變正、正變奇，使人捉摸不定，無從窺知，故戰場之指揮官應盡其智慧，做「奇」、「正」之布署，適應各種狀況，作無窮之變化以取勝。

雖然孫子在〈兵勢〉中強調「以奇勝」，但是斷不能忽視「正」。《孫子兵法》中，向來都是以常經（正）為主體，而以權變（奇）為輔佐，奇正變化亦復如此，作戰布署總有主力及側翼，主攻及助攻，此即正兵、奇兵，正兵是主，奇兵是輔，固然正兵可以變為奇兵，奇兵亦可變為正兵，但無論如何善戰，不能處處用奇兵，必要有正兵為主力，正兵當敵，奇兵襲敵。

有正兵無奇兵，易為敵所乘；有奇兵無正兵，則如同以虛擊實，一旦遭遇堅強抵抗，

必然難逃失敗之命運。所以用奇兵時，必先要考慮自己有沒有用奇的條件，也就是孫子在本篇中說的「治」、「勇」、「強」，假如沒有具備這些條件，勉強用奇，必畫虎不成反類犬了。

第六章　致人而不致於人——〈虛實〉

一、原文

孫子曰：凡先處戰地而待敵者佚①，後處戰地而趨戰②者勞。故善戰者，致人③而不致於人，能使敵人自至者，利之也；能使敵人不得至者，害之也。故敵佚能勞之，飽能飢之，安能動之。

出其所不趨④，趨其所不意；行千里而不勞者，行於無人之地也；攻而必取者，攻其所不守也；守而必固者，守其所不攻也。故善攻者，敵不知其所守；善守者，敵不知其所攻。微乎⑤！微乎！至於無形；神乎⑥！神乎！至於無聲，故能為敵之司命⑦。進而不可禦者，衝其虛也；退而不可追者，速而不可及也。故我欲戰，敵雖高壘深溝，不得不與我戰者，攻其所必救也；我不欲戰，雖畫地而守之⑧，敵不得與我戰者，乖其所之也⑨。

故形人而我無形⑩，則我專而敵分，我專為一，敵分為十，是以十攻其一也。則我眾而敵寡，能以眾擊寡，則我之所與戰者，約矣⑪。

吾所與戰之地不可知，不可知，則敵所備者多，則我所與戰者寡矣。故備前則後寡，備後則前寡，備左則右寡，備右則左寡，無所不備，則無所不寡，寡者，備人者也；眾者，使人備己者也。

故知戰之地，知戰之日，則可千里而會戰。不知戰地，不知戰日，則左不能救右，右不能救左，前不能救後，後不能救前，而況遠者數十里，近者數里乎？以吾度之⑫，越人之兵雖多⑬，亦奚益於勝哉？故曰：勝可為也⑭，敵雖眾，可使無鬥⑮。

故策之⑯而知得失之計，作之⑰而知動靜之理，形之⑱而知死生之地，角之⑲而知有餘不足之處。故形兵之極，至於無形；無形，則深間⑳不能窺，智者不能謀。因形而措勝於眾㉑，眾不能知，人皆知我所以勝之形，而莫知吾所以制勝之形；故其戰勝不復㉒，而應形於無窮㉓。

夫兵形㉔象水，水之形，避高而趨下；兵之形避實而擊虛；水因地而制流，兵因敵而制勝。故兵無常勢，水無常形；能因敵變化而取勝，謂之神。故五行無常勝㉕，四時無常位㉖，日有短長，月有死生㉗。

二、註釋

①佚：安詳，同「逸」。
②趨戰：倉促應戰，趨，疾行、奔赴。
③致人：支配敵人。
④出其所不趨：攻其不及救援之處。
⑤微：微妙、精妙。
⑥神：神奇、深奧。
⑦為敵之司命：敵之生死存亡，皆操之在我，所以我即成為敵人之命運主宰。
⑧畫地而守：指不設防就可守住，比喻非常容易。

⑨乖其所之：乖，是疑異之意，即設疑異以欺騙敵人。另一說法是：乖，背也，改變之意，把敵人引向別處，亦可通。

⑩形人而我無形：虛張聲勢，欺騙敵人，自己卻不露形跡，使敵不知虛實。

⑪約：少而弱的意思。

⑫度之：忖度、推斷。

⑬越人：即越國人，越是吳的世仇。

⑭勝可為也：勝利是可以爭取到的。

⑮可使無鬥：使敵人無法盡全力與我交戰。

⑯策之：策度、籌算，是根據情況分析判斷之意。

⑰作之：挑動、觀望，是試探敵人意圖。

⑱形之：使敵之布署暴露。

⑲角之：與敵人較量，以試探其實力。

⑳深間不能窺：即使其深藏之間諜，亦無從知道。

㉑措勝於眾：把勝利放在人們之前。措，放置之意。

㉒戰勝不復：作戰靈活多變，每次取勝方法都不重複。

㉓應形於無窮：順形勢變化而變化無窮。

㉔兵形：用兵的規律。

㉕五行無常勝：五行，即金、木、水、火、土，相生相剋，如木生火，火生土，土生金，金生水，水生木，這是「相生」；又如金盛木衰，木盛土衰，水盛火衰，火盛金衰，土盛水衰，這便是「相剋」。沒有一種能獨盛不變。

㉖四時無常位：指春夏秋冬；依次更替，沒有哪個季節固定不動。

㉗月有死生：指月亮有圓缺、明暗的變化。

三、語譯

孫子說：凡先到戰地而等待敵人的，就居於從容主動地位，後到戰地而倉促應戰的，就居於疲勞被動。所以善於用兵作戰者，總是支配敵人，而不被敵人支配。能使敵人來我預定之決戰地點，是以利引誘的結果；要使敵人不願來，或不敢前來，即須使敵人感到有敗亡之害，所以敵人如從容安逸，就要設法使之疲於奔命；敵人如糧秣充裕，就要截其補給，使之陷於飢餓；敵人如安處不動，就要設法使其移動，俾中我計。

出兵要指向敵人無法急救的地方，行動要指向敵人料想不到的地方，我軍行經千里之遙而不勞困，是因為我們走在無敵人抵抗之區域；向敵人進行攻擊而必然得手，是因為敵人沒有想到去防守；至於我防守的地區必定很穩固，是因為我扼守敵人所不敢攻或不易攻的地區。所以，善於進攻的，能使敵人不知如何守才好；善於防守的，能使敵人不知怎樣攻才好。微妙啊！微妙到看不出一點形跡；神奇啊！神奇到沒有一點聲息，所以才能掌敵人生死存亡之權。前進時，敵人無法抵擋，是由於向敵人薄弱的地方進攻；退卻時，敵人來不及追，是由於我行動快速，敵人追不上。當我想要與敵人決戰，敵人即使憑仗堅固城堡，也不得不出來應戰，是因為我進攻的是敵人必須援救之目標；我如果不想決戰，即使隨便畫定界限防守，敵人也無法求戰，是因為我改變了敵人的注意，使得他們不得不受我的牽制。

所以虛張聲勢，欺騙敵人，自己卻不露形跡，就能做到自己的兵力集中，而使敵人的兵力分散；如自己的兵力集中一處，敵人的兵力分散十處，這樣就能以十倍的力量打擊敵人，造成我人數眾多而敵人數寡少，以人數多攻擊人數少，則與我交戰之對象就弱小易制了。

我準備進攻敵人的地區，不能使敵人預知，敵人不知，則必處處設防備，這樣與我交戰的敵人數目就少了。所以，注意防備前面，後面兵力就薄弱；注意防備後面，前面兵力就薄弱；注意防備左面，右面兵力就薄弱，注意防備右面，左面兵力就薄弱；處處防備，處處兵力薄弱。敵人兵力之所以薄弱，是由於處處防備的結果；我方兵力之所以眾多，是由於迫使敵人分兵防備我的原故。

所以，能預知與敵人交戰的地點，能預知與敵人交戰的時間，即使跋涉千里，也可以與敵決戰。如果既不能預知交戰地點，又不能預知交戰時間，則敵人攻我右翼，我不能用左翼相救；敵人攻我左翼，我不能用右翼相救；敵人攻我後隊，我不能以前隊相救；敵人攻我前隊，我不能以後隊相救。況且這前後左右，遠的相隔幾十里，近的相隔幾里呢！依我看來，越國的兵力雖多，對決定勝敗而言，並無裨益，所以說，勝利是可以創造的，敵人兵力雖多，可使其無法用全部力量和我交戰。

所以檢點策劃，以求得失利害；偵察敵情，以求了解其動態規律；使敵人之布署暴露，以探求何處是死地，何處是生地？用少數兵力與敵人較量，以探明其強弱眾寡，所以用兵的方法，運用到極點，能使人看不出一點形跡。即使有深藏的間諜，也無法探明我的虛實；即使有高度智謀的人，也想不出辦法對付我。用靈活變化的方式取勝，人們無從了

解我是怎麼得勝的，人們只知道我取勝的一般原則，但不知道我怎麼變化運用這些戰法，所以每次交戰，都不會重複舊的方式，而是適應各種情況，變化無窮。

用兵的規律像水一樣，水的規律是從高向低處流，用兵的規律是避開敵人堅強之點，而攻擊其虛弱之處，水因地形之高低而限制其流向，用兵也要順應敵情變化而克敵制勝。所以用兵沒有固定不變的方法，就像流水沒有固定的形狀一樣，能依照敵情變化而取勝，就算用兵如神了。用兵同「五行」變化一樣，相生相剋，又如同四季變化一樣，交替更迭；也像日月一樣，有缺有圓。

四、概說

（一）致人而不致於人

〈虛實〉上承〈兵勢〉、〈軍形〉兩篇，三位一體，有密切的關係，明代何守法說：「形篇言攻守，勢篇言奇正，善用兵者，先知攻守兩齊之法，然後知奇正，先知奇正相變

之術，然後知虛實，蓋奇正自攻守而用，虛實由奇正而生，故此篇次於勢為第六。」把這三篇的關係說得非常清楚，攻守須與奇正配合，奇正更須與虛實配合，才能發揮作用。

「虛實」主要在強調主動，作戰貴立於主動地位，避實擊虛，即以我充實之力量，擊敵人不防備之處，或擊敵人最虛弱之處。另一方面，我自己步步謹慎，深藏虛實，使敵人無懈可擊，無機可乘，這就是「致人而不致於人」。

所謂「致人」，是依我的意思支配敵人，我之所欲，敵人雖不情願，也不得不往；敵人所欲，雖欲往而受我之牽制不能往，這就是孫子所說的：「能使敵人自至者，利之也；能使敵人不得至者，害之也。」所謂「不致於人」，即處處不受敵人支配，能進退自由自在，避敵之實，攻敵之虛，敵不能禦我，也不能追我，也就是說，敵人無法捕捉我的主力決戰，就是：「出其所不趨，趨其所不意。」

由此看來，「致人而不致於人」含有兩個原則，一是主動，一是機動。要支配敵人，必處處主動；要不受制於敵人，必時時機動，主動配合機動，使我軍能搶先一步，布署於有利地位，改變敵我相對的力量關係，戰場形勢之改變，往往取決於主動與機動。

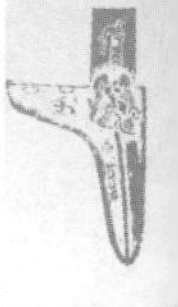

（二）無形無聲

孫子說：「微乎！微乎！至於無形；神乎！神乎！至於無聲，故能為敵之司命。」所謂「為敵之司命」即是處處支配敵人，處處採取主動，這必須要做到「無形」、「無聲」的境界，才能達到目的。「無形」是祕匿我的作戰布署及作戰目標，「無聲」是隱蔽我的部隊行動，使之無法發現我的作戰路線，因此「無形無聲」以迅速和祕密為條件。

對作戰目標及路線保持祕密，則敵人無法設防，自無從阻止我的行動，像三國時，鄧艾之下陰平，行七百里，而蜀漢未曾發現；拿破崙之越阿爾卑斯山脈；漢尼拔之渡沼澤無人區域進軍羅馬等，都是無形無聲的軍事行動。正因為能保持高度祕密，才能在敵人想意不到的時間，意想不到的地點出現，這就是孫子所謂的：「出其所不趨，趨其所不意，行千里而不勞者，行於無人之地也。」

用兵作戰，不但要祕密，而且要迅速，二者缺一不可。進攻須要迅速，後退也要迅速，後退並不是中止戰鬥行為，而是暫時擺脫敵人，以準備另一場戰鬥。孫子說：「進而不可禦者，衝其虛也；退而不可追者，速而不可及也。」要掌握迅速原則，才能進退自如。

「無形」、「無聲」不但用之於攻擊，而且適用於防守，要「形人而我無形」，使敵人惑於我的布署，看不出我的虛實所在，找不出可攻擊的部位，這就是孫子所說的：「我不欲戰，雖畫地而守之，敵不得與我戰者，乘其所之也。」用兵到這種境界，可算出神入化了。

（三）我專敵分

如果我自己的布署及行動能保持高度祕密，使敵人無從判斷，而敵人之布署及行動卻在我鳥瞰之中，則我可以集中兵力針對敵人弱點攻擊，因此在一定時間和地點，我能集中絕對優勢的兵力，以大吃小。這就是孫子說的：「我專而敵分，我專為一，敵分為十，是以十攻其一也。」

「我專敵分」是集中原則的運用，軍事行動上所謂的集中，乃是在一定時間、空間內，將最大戰力置於決勝點上，對敵實行決定性之打擊，而發揮我全面或局部的絕對優勢功效。但是欲達到此一目的，則必先分散敵人力量，也就是妨害敵人之集中與優勢，故先要以佯動，佯攻掩飾我的企圖；使敵人不能明瞭我用兵的時間、地點，這就是孫子所說的：

「吾所與戰之地不可知，不可知，則敵所備者多，則我所與戰者寡矣！」西方兵學家李德哈達也曾說過：「真正之集中，即有計劃分散之結果。」可以做為孫子這句話的最好註解。

先總統　蔣公特別注重《孫子兵法》這一段，他曾說：「兵法的主要課題，就是怎樣對敵人在各點上相持。而集中物質與精神的優勢於一決戰點上，殲滅敵人。孫子所謂『敵分為十，我專為一』，便是指這一課題來說的。」古今中外戰史上以寡擊眾的例子很多，其所以能用少數兵力取勝，就是因為能把握集中原則，在每一決戰點上，以優勢力量擊敗敵人，所以雖然在整個兵力上居於少數，仍能各個擊破，這就是：「戰略上以寡擊眾，戰術上以眾擊寡。」

（四）策之、作之、形之、角之

用兵作戰要「不致於人」必須對敵人的布署有充分的了解，才能分辨敵人的動作是真是假，是虛是實，必先知敵，才有制敵之可能。所以孫子提出：「策之而知得失之計，作之而知動靜之理，形之而知死生之地，角之而知有餘不足之處。」這四種測探虛實的方式。

所謂「策之」，就是根據情況分析判斷。例如西漢時，黥布反，漢高祖召薛公問之，薛公說：「黥布如出上策，山東非漢所有；出中策，勝敗未可知；出下策，陛下可以高枕而臥。」高祖問上、中、下策為何？

薛公說：「東取吳，西取楚，併齊取魯，傳檄燕趙，此上策也；東取吳，西取楚，併韓取魏，據敖倉之粟，塞成皋之口，此中策也；東取吳，西取下蔡，身歸長沙，此下策也。」

高祖再問：「黥布可能採取哪一種呢？」

薛公判斷說：「必出下策。」後來果然如薛公所料，黥布之亂不久即討平。因此，「策之」是對敵人可能採用的各種計劃、布署、路線等，進行研判。

所謂「作之」，是挑動、觀望，由敵人之一動一靜之中，測探敵人企圖，或激使敵人輕舉妄動。春秋時，晉、楚戰於城濮，楚將子玉派使者宛春對晉文公商談和平條件，晉國大將先軫建議文公扣留使者，以激怒楚軍，文公遂拘宛春，楚將子玉大怒，輕率進兵，致遭大敗。

所謂「形之」，是使敵人的兵力布署暴露原形，避開其敵埋伏之死地，誘使敵人進入

適於決戰之生地。例如一八一三年，歐洲聯軍圍擊拿破崙，其作戰方針即為任何一國軍隊受法軍攻擊時，不可與之決戰，須且戰且退，其餘各國軍隊自兩翼包圍，法軍向前，聯軍自後攻來，欲回頭反擊，聯軍又遁走，法軍且戰且走，疲於奔命，終於陷入聯軍包圍圈中，致遭慘敗。

所謂「角之」，是用少數兵力與敵人較量，以測探其虛實。《吳起兵法．論將》篇中說：「令賤而勇者，將輕銳以嘗之，務於北，無務於得，觀敵之來，一坐一起，其政以理，其追北佯為不及，其見利者佯為不知，如此將者，名為智將，勿與戰矣。若其眾讙譁，旌旗煩亂，其卒自行自止，其兵或縱或橫，其追北恐不及，見利恐不得，此為愚將，雖眾可獲。」可以做為「角之」的註釋。

「策之」、「作之」、「形之」、「角之」四種行動的目的，都是在明敵之虛實，明虛實則「不致於人」，進一步還可以攻敵之虛，使其「左不能救右，右不能救左，前不能救後，後不能救前。」所以孫子豪邁的說：「敵雖眾，可使無鬥。」

但是，我可以用「策」、「作」、「形」、「角」四術觀測敵人，敵人也可以用同樣的方式試探我，所以一方面我必須對敵人的行動體察入微，以判定其真偽，另方面要對我自己的布署深處不露，使敵人無從窺知真相，如孫子所言：「形兵之極，至於無形；則深間

不能窺，智者不能謀。」敵人對我一無所知，自無從突破我的布署。不僅敵人不知，我的左右人等，只知我用這種戰法取勝，至於為什麼要採用這種戰法，也不完全了解，這就是：「因形而措勝於眾，眾不能知，人皆知我所以勝之形，而莫知吾所以制勝之形。」孫子強調這點，就是說明軍事布署之高度機密性，以及戰場上指揮官料敵應機的變化性，其深邃奧密，非一般人所能了解。如項羽之破釜沉舟，韓信之背水破趙，都是置之死地而後生，一般人知道這是一種能取勝的戰法，但是並不了解在什麼情況之下，或什麼條件之下才能使用，戰場之變化無常，因應之道也無定法，善用兵者，決不重複使用相同的戰法，一方面防敵人料算，另方面因為每次戰役之情況不同，條件不同，無法配合，這就是孫子所說的：「故其戰勝不復，而應形於無窮。」

（五）兵形象水

「兵形象水」是孫子論兵的至高境界，王皙注解說：「水有常性而無常形，兵有常理而無常勢。」水本來是沒有一定的形，因不同之容器而呈現不同的形，水只有其不變的性質而沒有外在形體，用兵亦復如此，有不變的原則，而無固定的方法，以水喻兵，可謂千

古名言。

老子說：「天下柔弱莫如水，而堅強者，莫之能勝。」使人想起〈軍形〉中：「決積水於千仞之谿。」以及〈兵勢〉中：「激水之疾，至於漂石者，勢也。」孫子和老子一樣，都是對水的性質深刻了解，也善於用水比喻潛藏威力的事物。水原本是至柔之物，「避高而趨下」、「因地而制流」，所以「無常形」，但是化「積水」而為「激水」則其力足以「漂石」，不但可以漂石，甚至滾滾滔滔，廬舍蕩墟，有驚人的力量，水之柔，是水的本性，水之強，是一定的「勢」造就的，水在靜態的時候是柔，使之激盪，就轉弱為強，這種激盪的過程就是「勢」。

用兵之道亦是如此，「避實而擊虛」如水之「避高而趨之」，「因敵而制勝」如水之「因地而制流」。

唐杜牧說：「水之形因地乃有，形不在水，故無常形；兵之勢因敵乃見，勢不在我，故無常勢。」水一定順地勢向低處流，用兵則必須順應敵情向其虛弱處攻，敵之弱即襯托出我之強，這就是乘其弱勢用我之強勢。杜牧所說的「勢不在我」實含有深意，強與弱原是由比較而產生的，敵弱才顯出我強，敵之弱是因為我乘其虛，我「專」敵「分」，我才顯出強大，因此我能「先為不可勝，以待敵之可勝」，敵人自然處處不如我，處處受我所制了。所以孫子說：「能因敵之變化而取勝，謂之神。」能掌握形勢，善用虛實，自然用兵如神了。

第七章　以迂為直——〈軍爭〉

一、原文

孫子曰：凡用兵之法，將受命於君，合軍聚眾①，交和而舍②，莫難於軍爭③。軍爭之難者，以迂為直④，以患為利⑤。故迂其途，而誘之以利，後人發，先人至，此知迂直之計者也。故軍爭為利，軍爭為危。

舉軍而爭利⑥，則不及；委軍⑦而爭利，則輜重捐⑧。是故卷甲而趨⑨，日夜不處，倍道兼行⑩，百里而爭利，則擒三將軍⑪，勁者先，疲者後⑫，其法十一而至⑬；五十里

而爭利，則蹶上將軍⑭，其法半至⑮；卅里而爭利，則三分之二至。是故軍無輜重則亡，無糧食則亡，無委積⑯則亡。故不知諸侯之謀者，不能豫交⑰；不知山林、險阻、沮澤⑱之形者，不能行軍，不用鄉導⑲者，不能得地利。

故兵以詐立⑳，以利動㉑，以分合為變者㉒也，故其疾如風㉓，其徐如林㉔，侵掠如火㉕，不動如山㉖，難知如陰㉗，動如雷霆㉘。掠鄉分眾㉙，廓地分利㉚，懸權而動㉛，先知迂直之計者勝，此軍爭之法也。

《軍政》㉜曰：「言不相聞，故為金鼓；視不相見，故為旌旗。」夫金鼓旌旗者，所以一人之耳目㉝也；人既專一，則勇者不得獨進，怯者不得獨退，此用眾之法也。故夜戰多火鼓，晝戰多旌旗，所以變人之耳目㉞也。

故三軍可奪氣㉟，將軍可奪心㊱。是故朝氣銳㊲，晝氣惰㊳，暮氣歸㊴；故善用兵者，避其銳氣，擊其惰歸，此治氣㊵者也；以治待亂，以靜待譁，此治心㊶者也；以近待遠，以佚待勞，以飽待飢，此治力㊷者也；無邀正正之旗，勿擊堂堂之陣，此治變㊸者也。

故用兵之法：高陵勿向㊹，背丘勿逆㊺，佯北勿從㊻，銳卒勿攻，餌兵勿食，歸師勿遏，圍師必闕㊼，窮寇勿迫，此用兵之法也。

二、註釋

①合軍聚眾：指聚集民眾，組成軍隊。

②交和而舍：和，軍門；舍，宿營。指敵我兩軍營壘對峙之意。

③軍爭：兩軍爭奪各種制勝條件。

④以迂為直：化迂迴曲折之遠路為直線之近路，亦近代軍事上所謂之間接路線。

⑤以患為利：化種種不利條件而為有利。

⑥舉軍而爭利：帶著全軍所有裝備輜重行動，去爭取有利之軍事目標。

⑦委軍：丟棄輜重，輕裝前進。

⑧輜重捐：一切笨重器械裝具都損失了。

⑨卷甲而趨：卷，收藏。即脫下鎧甲，僅以輕裝疾行。

⑩倍道兼行：倍道，加倍行程；兼行，晝夜不停，連續行軍。即以兩日行程做一日走。

⑪擒三將軍：古軍制分上、中、下三軍，擒三將軍，即三軍主帥均遭俘獲，即全軍覆沒之意。

⑫勁者先，疲者後：強健的走在前，疲弱的落在後。
⑬十一而至：只有十分之一的人，能到達目的地。
⑭蹶上將軍：蹶，挫敗。指前軍主帥可能遭到挫敗。
⑮半至：全軍只有一半的人能到達戰場。
⑯委積：儲藏準備之物資。
⑰豫交：豫，「與」也。指與諸侯結交。
⑱沮澤：沼澤地帶。
⑲鄉導：即嚮導，引路之人。
⑳兵以詐立：立，成功之意。用兵須以詭詐之方法，始能成功。
㉑以利動：判斷是否有利，才採取行動。
㉒以分合為變：作戰時兵力之分散或集中，應依情況之變化而變化。
㉓其疾如風：指軍旅行動快速如風。
㉔其徐如林：指軍旅靜止時肅穆嚴整，如林木一樣。
㉕侵掠如火：軍旅進擊敵人時，如燎原烈火，猛不可當。
㉖不動如山：軍旅防守時，如山岳一般，不可動搖。

㉗難知如陰：軍旅隱蔽時，如陰雲遮天，使敵人無從知曉。
㉘動如雷霆：軍旅快速行動時，如迅雷不及掩耳，使敵人無從退避。
㉙掠鄉分眾：擄掠占領區的資財，分配兵眾。
㉚廓地分利：攻略而占據的土地，分封將士。
㉛懸權而動：權衡情勢，相機而動。
㉜《軍政》：古軍書，現已失傳不可考。
㉝一人之耳目：統一全軍之耳目，以求命令之貫徹。
㉞變人之耳目：改變方式，以適應人之耳目。另一說認為：改變方式，以眩惑敵人耳目。
㉟奪氣：挫折士氣。
㊱奪心：動搖決心。
㊲朝氣銳：軍旅初戰時，士氣旺盛，如人在早晨時精神最好一樣。
㊳晝氣惰：過了一段時期，士氣逐漸怠惰，如人在日中漸感惰倦一樣。
㊴暮氣歸：到了末期，士氣衰竭，將士思歸。如人在日暮黃昏之時，各欲歸家休憩一樣。
㊵治氣者也：針對敵人的士氣高低，予以打擊。
㊶治心者也：掌握軍心。

㊷治力者也：掌握敵我之體能力氣之強弱。

㊸治變者也：掌握隨機應變，出奇制勝之原則。

㊹高陵勿向：對占領高地之敵人，不要仰攻，以避免重大犧牲。

㊺背丘勿逆：敵人自高地衝下來，不可正面迎擊，以避其鋒。

㊻佯北勿從：敵人假裝退卻，不可追蹤追擊，以免中伏。

㊼圍師必闕：闕，通「缺」，指包圍敵軍時要留下缺口，以免敵人力拚死戰。

三、語譯

孫子說：大凡用兵的法則，將帥受國君的命令，組織民眾編成軍隊，到前線與敵軍營壘對峙，其中最難的事莫過於與敵人爭奪有利的制勝條件了。而制勝條件中最難的就是，如何化迂迴曲折之遠路為直線近路，如何化種種不利為有利。故意採取迂迴道路，利用小利引誘敵人，我軍行動雖比人遲，但到達目標卻比人早，這就是知道「以迂為直」的計謀。所以互爭有利的制勝條件，既有其利的一面，也有其危險的一面。

全軍人馬輜重一同行動，去爭奪有利目標，則必定遲緩不及；如果放下輜重行動，則必損失許多物資。因此，不帶甲冑，輕裝急行，日夜都不休息，以加倍的速度連續行軍，趕了一百里路，以爭奪一個有利目標，可能三軍全遭覆沒，因為強健的士卒走到了，體弱的士卒落了隊伍，結果可能只有十分之一的人到達目的地。如果行軍五十里之遙，以爭奪有利目標，則可能使先頭部隊受到挫敗，因為能趕到目的地的，只有一半人數而已。如果行軍卅里之遙，則可能有三分之二的人可以到達目的地。況且軍旅沒有輜重就會失敗，沒有糧食就不能生存，沒有儲備物資就會使全軍覆沒。而且不了解列國諸侯之企圖，不能與其結交；不了解山林、險阻、沼澤等地理，便不能行軍；不使用嚮導領路，便不能獲知有利地形。

用兵作戰要奇詭多變才能成功，要判斷是否有利才採取行動，要依情況變化而決定兵力之分散或集中。軍旅行動時，快速如風；靜止時，肅穆嚴整如林木一般；進擊敵人時，如燎原烈火，猛不可當；防守時，如山岳一樣，不可動搖；隱蔽時，如烏雲遮天，使敵人無從知曉；快速動作起來，如迅雷不及掩耳，使敵人無從退避。軍旅在奪取占領區的資財時，要分配給兵眾，攻略土地之後，要分封將士。能權衡情勢，相機而動，懂得化迂迴為直線的計謀者，就易得勝，這就是爭取制勝條件的原則。

古代兵書《軍政》上說：「距離太遠，聲音聽不到，所以用金鼓來指揮；眼睛看不清楚動作，所以用旗號來指揮。」故金鼓旗號是為了統一全軍之耳目，耳目統一，行動便可一致，即使勇敢的，也不可單獨前進，怯懦者，亦不可單獨後退，這是指揮人數眾多的軍旅的方法。至於夜間作戰多使用火光和鼓聲，白天作戰多使用旗號，這是為適應人的耳目的原故。

打擊敵軍，可以挫折其士氣，打擊敵將，可以動搖其決心。軍旅在初期作戰時，具有朝氣，士氣旺盛；到了中期，便逐漸怠惰；到了末期，則士氣衰竭，將士思歸。所以善於用兵作戰的將帥，先在初期避開銳氣，再利用其惰怠或思歸的時機，發動攻擊，這是針對敵人士氣的高低，予以打擊。此外，以嚴整對混亂，以鎮靜對譁躁，這是掌握軍心的方法。以距戰場近對敵人長途跋涉，以從容整補對敵人疲困，以糧秣充足對敵人糧秣不足，這是掌握軍力的方法。不要迎擊旗幟整齊，布署周密的敵人，不要攻擊陣容強大，實力雄厚的敵人，這是掌握隨機應變的方法。

所以用兵的方法是：對占領高地之敵人，不要仰攻，以避免重大犧牲；敵人自高地衝下來，不可正面迎擊，以避其鋒銳；敵人偽裝退卻，不要去跟蹤追擊，以免中了埋伏；當敵人士氣正旺盛的時候，不要進攻；當敵人用小部隊引誘我的時候，不要去理睬；對正在

班師回國的軍隊，不要阻擋；包圍敵軍時，要留下缺口，以免敵人全力死戰；對陷入絕境的敵人，不要過分迫近，以免其拚死反撲；這些都是用兵應當把握的原則。

四、概說

（一）迂直患利

〈軍爭〉是《孫子兵法》第七篇，在〈軍形〉、〈兵勢〉、〈虛實〉之後安排〈軍爭〉，實含有深意，所謂「軍爭」即兩軍相峙爭勝，彼此竭盡全力爭取有利的制勝條件，在大兵團作戰時，「軍爭」即是會戰，也就是一場決定性的大戰。〈軍形〉、〈兵勢〉、〈虛實〉三篇側重於戰前準備、戰術計劃、以及作戰布署，〈軍爭〉則是闡述會戰要領，即把準備、計劃、布署付之實行。戰爭之勝負往往繫於會戰之成敗，所以孫子才會說：「莫難於軍爭。」又說：「軍爭為利，軍爭為危。」會戰得勝，自然是國家之利，會戰失敗，國家有覆亡之虞，會戰關係國之存亡，主帥不可不慎，孫子以「難」喻之，並不為過。

雖然克勞塞維茲曾說：「只有偉大而全面化的會戰，才可以產生偉大的結果。」但是戰略的真正目的，並不是全力尋求會戰，而是要尋求有利的戰略形勢，如果這種形勢還不足以產生決定性結果時，再繼之以會戰的手段去解決，孫子的看法正是如此。「軍形」、「兵勢」側重戰略形勢的建立、培養、轉移，「虛實」則著眼戰術之掌握、運用、變化，這一切布署達到成熟時機的時候，才施以會戰，會戰好像是一個戰略行動的自然結果。

孫子說：「軍爭之難者，以迂為直，以患為利。」將會戰要領，一語道破。近代西方兵學家李德哈達研究了二十五個世紀的三十次大戰，包括二百八十次以上個別戰役的結果，發現只有其中的六次戰役採取直接路線獲得成功，其餘各次，均為間接路線的實踐，由此可以證明孫子的「以迂為直，以患為利」實有先知之明。「迂」與「直」相反，「患」與「利」相背，直不可得，即以迂取之，利不可得，以趨害之方法誘敵，冀由小害而得大利。我國歷史上以迂為直的例證很多，漢韓信之「明修棧道，暗渡陳倉」，魏鄧艾之「七百里下陰平」，最能做為這種戰例的典型。

「以迂為直，以患為利」就是選擇期待性最小，抵抗力最弱的作戰路線，亦即敵人在心理上認為某方面為我採取行動公算最小的一條路線，因而有恃無恐，配置自然薄弱。通常這種路線，多半是地形特別困難，或天然障礙特別險阻，但是人為的抵抗，也相對減

少。誠如李德哈達所說：「天然的障礙，無論如何險阻，其危險總比一次無把握的戰鬥來得好些。任何條件都可計算，任何障礙都可克服，只有人類的抵抗，無法估計。」

所謂作戰路線，並不是嚴格的一條幾何學上的線，而是由出發點到作戰目標之間，預定的一條觀念上的線，換言之，即部隊在運動行進時，所應保持的一個方向。「迂」、「直」、「患」、「利」是在會戰前，對作戰路線予以適當的選擇，這是進行會戰的基本要件。先以小利誘敵，以轉移其注意及戒備，待敵人已受我牽制，立刻發動迂迴行動，或擊其兩翼，或抄其後背，這種迂迴行動是在牽制布署完成之後開始的，但是必須行動積極迅速，在敵人對我的正面施行壓力之前，達到作戰目標，才能發揮以迂勝直的功效。所以孫子說：「故迂其途，而誘之以利，後人發，先人至。」因此「後發先至」是迂迴作戰的必要條件，能掌握這個要點，必能制敵機先，獲得勝利。

（二）軍爭之法

會戰是大兵團之作戰，雙方都希望在一定的時間內，集結足夠的兵力，因此速度成為發揮機動力量的要件，拿破崙曾說：「所謂機動者，乃行軍十二里實行會戰，然後再追擊

十二里耳。」《孫子兵法》上也再三強調速度之重要，看〈作戰〉、〈軍形〉、〈兵勢〉、〈虛實〉便可知道。但是在〈軍爭〉中，孫子則力言強行軍之弊，用百里、五十里、三十里的距離，計算所能集結的兵力。古代道路不良，甲冑行軍以每日三十里為常法，棄輜重而強行軍百里，只有十分之一能到作戰位置，五十里則只有一半能到達，三十里則只能集結三分之二兵力。距離愈遠，加速行軍，所集結兵力數量愈少，戰鬥力也相對減低，所以孫子以「擒三將軍」、「蹶上將軍」為警告。由此可知，速度固然重要，但是戰力之保持更應注意，作戰是力量之較量，有速度而無力量，譬如強弩之末，連縞布也不能穿透，是用兵之大忌。

長途行軍在交通不便的古代是耗損戰力的致命傷，克勞塞維茲在《戰爭論》上曾這樣說：「行軍對兵力所生的消耗作用，極為顯著。……試觀莫斯科戰役，便可知精銳的法軍是怎樣的困苦了。拿破崙於一八一二年六月二十四日，趾高氣揚地渡過尼門河時，所統率的兵員共有三十萬一千人，到斯摩稜斯克時，尚有十八萬二千人，到莫斯科時，僅剩十一萬人了。」由這個例子看來，孫子所提出的警告實在是先見之明。

孫子在軍爭之法中提出六樣應注意的事，即「輜重」、「糧食」、「委積」、「豫交」、「地形」、「鄉導」。前三項是有關後勤補給，大兵團行動，後勤補給至為重要，如發生問題，其後果不堪設想，拿破崙攻俄可為明證，因此孫子說：「軍無輜重則亡，無糧食則亡，無委積則亡。」連續用三個「亡」字強調其嚴重性。至於「豫交」，是指第三國之態度，作戰區域如在國境之外，則軍旅經過之國家，須了解其立場態度，以免節外生枝；軍旅出征在外，國內空虛，鄰國之立場態度更應注意，以免發生意外。至於「地形」及「鄉導」則是對會戰地區及作戰路線地理狀況之認識，若不能善用地形、地物，既不能行軍，更無法戰鬥。

至於會戰過程中，指揮官運用部隊作戰的要領，孫子也舉出六個準則：即「疾如風」、「徐如林」、「侵掠如火」、「不動如山」、「難知如陰」、「動如雷霆」，這是說部隊行動要快速如風，靜止時肅穆嚴整，如林木無語，進擊時如燎原烈火，防守時如山岳難撼，隱蔽時如陰雲遮天，快速動作時如迅雷不及掩耳。日本戰國時代的將軍，也是甲州兵學之祖的武田信玄，最欽服孫子這幾句話，他把「疾如風、徐如林、侵掠如火、不動如山」四句話繡在軍旗上，做為號誌，在當時的日本，「風林火山」四字成為武田信玄的代表。

再次，關於戰術運用及戰利品分配方面，孫子也提出六項原則，即「以詐立」、「以利動」、「以分合為變」、「掠鄉分眾」、「廓地分利」、「懸權而動」。所謂「以詐立」就是欺敵，「以利動」就是有利始動，不輕舉妄動，「以分合為變」就是視戰場狀況，或分散兵力，或集中兵力。至於「掠鄉分眾、廓地分利」兩句，是指戰利品及占領區土地之分配。古代作戰，對征服地區之人民、財產均視為戰勝者所有，分賞將士，自能激勵士氣，古今時代不同，自不能以此責孫子。至於「懸權而動」是著眼全局，權衡輕重，相機而動。

總括起來，孫子從「輜重、糧食、委積、豫交、地形、鄉導」，說到「風、林、火、山、陰、雷」，再講到「詐立、利動、分合、分眾、分利、權動」，然後以「先知迂直之計者勝」做為「軍爭之法」的總結，可見孫子始終是著眼於「以迂為直」的間接路線思想，為其大兵團會戰之指導原則的。

（三）四治八戒

四治是：「治氣」、「治心」、「治力」、「治變」，這是在戰場上掌握戰機的四項要訣。「氣」是精神，「治氣」即一方面保持自己的旺盛精神，另方面趁敵人精神鬆弛時，一舉潰之。孫子以「朝氣、晝氣、暮氣」作為比喻，形容戰場上士卒的精神狀態；春秋時魯國〈曹劌論戰〉說：「一鼓作氣，再而衰，三而竭。」道理和孫子說的一樣。善用兵之

將帥，以定避開敵人之銳氣，再乘第二第三回合，敵人惰氣暮氣沉沉之時取勝。

「治心」是心理上不憂不懼，士氣奮發。孫子說：「以治待亂，以靜待譁」，這個「待」並不是單方面的期待，兩軍對陣，絕不能一味期待對方譁亂，「待」是意味著堅持不變，可以泰然待敵，從容應戰。

「治力」是掌握戰力，一方面保持我充沛之戰力，一方面消耗敵人之戰力。「以近待遠，以逸待勞」是先占據有利的戰略目標，「以飽待飢」是確保自己的補給，截斷敵人的補給。至於「治變」，是針對敵情，掌握變化，要看清楚什麼情況可戰，什麼情況不可以戰，不可戰時，不應勉強求戰，這就是孫子所說：「無邀正正之旗，無擊堂堂之師。」

「四治」之外，孫子還提出「八戒」，以做將帥用兵之戒忌。「八戒」是：「高陵勿向、背丘勿逆、佯北勿從、銳卒勿攻、餌兵勿食、歸師勿遏、圍師必闕、窮寇勿迫。」所謂「高陵勿向，背丘勿逆」是我在地形上不利，不必強行進擊，以免傷亡過多。「佯北勿從」是防敵人施詐，「銳卒勿攻」是避其鋒芒，「餌兵勿食」是防敵人利誘牽制，「歸師勿遏、圍師必闕、窮寇勿迫」則是防敵人拚死力戰，或乘勢反撲。不過這八種戒忌都是一般性的常態原則，戰爭中時有非常手段之運用，不可拘泥兵法，一成不變。

第八章　為將之道——〈九變〉

一、原文

孫子曰：凡用兵之法，將受命於君，合軍聚眾；圮（ㄆㄧˇ pǐ）地①無舍②，衢地③合交，絕地④無留，圍地⑤則謀，死地⑥則戰，途有所不由⑦，軍有所不擊，城有所不攻，地有所不爭，君命有所不受。故將通於九變⑧之利者，知用兵矣。將不通於九變之利者，雖知地形，不能得地之利矣⑨。治兵不知九變之術，雖知地利，不能得人之用矣⑩。

是故智者之慮，必雜於利害⑪，雜於利而務可信也⑫，雜於害而患可解⑬也。是故屈諸侯者以害⑭，役諸侯者以業⑮，趨諸侯者以利⑯。

故用兵者，無恃其不來，恃吾有以待之⑰；無恃其不攻，恃吾有所不可攻也⑱。

故將有五危：必死可殺⑲，必生可虜⑳。忿速可侮㉑，廉潔可辱㉒，愛民可煩㉓；凡此五危，將之過也，用兵之災也。覆軍殺將，必以五危，不可不察也。

二、註釋

①圮地：圮，毀壞的意思。難於通行的地區叫圮地。〈九地〉：「行山林、險阻、沮澤，凡難行之道者為圮地。」

②舍：宿營。

③衢地：四通八達的地區。

④絕地：指交通困難，給養困難之地區。〈九地〉：「去國越境而師者，絕地也。」

⑤圍地：指四面地形險阻，敵可往來，我難出入之地。又：被人四面圍困，亦稱圍地。

⑥死地：指後退無路，非死戰難以生還之地。〈九地〉：「疾戰則存，不疾戰則亡者，為死地。」

又說：「無所往者，死地也。」

⑦ 途有所不由：有的道路不要通過。

⑧ 九變：王陽明白：「九者數之極，變者兵之用。」古人以「九」為最多的意思，當形容詞用，九變即指千變萬化。另一種說法是指：圮地無舍、衢地合交、絕地無留、圍地則謀、死地則戰、途有所不由、軍有所不擊、城有所不攻、地有所不爭、君命有所不受，計九種變化。

⑨ 不能得地之利：不能獲得地形利用之效果。

⑩ 不能得人之用：不能發揮軍旅之效用，此處之「人」，係指軍旅而言。

⑪ 雜於利害：同時考慮利害兩方面。雜，參雜之意。

⑫ 雜於利而務可信：在不利的狀況中，考慮有利的一面，可以增強信念，全力以赴。

⑬ 雜於害而患可解：在有利的狀況中，考慮有害的一面，可以解除隱患，化險為夷。

⑭ 屈諸侯者以害：用諸侯害怕的事，使其屈服於我。

⑮ 役諸侯者以業：曹操注：「業，事也。」杜佑注：「能以事勞役諸侯，令不得安佚。」杜牧注：「言勞役敵人，使不得休。」就是用種種手段，使諸侯紛亂，自己內顧不及，無暇管別人的事。

⑯ 趨諸侯者以利：誘之以利，使諸侯前來歸附。

⑰恃吾有以待之：要靠自己有萬全準備，嚴陣以待。
⑱恃吾有所不可攻：要靠自己有敵人無法攻破的力量。
⑲必死可殺：只知死拚，如暴虎憑河，可能遭敵用計誘殺。
⑳必生可虜：貪生怕死，臨陣畏怯，可能遭敵俘虜。
㉑忿速可侮：忿，易怒；速，易躁。性子急躁，又輕易發怒，則可能難受侮辱而輕舉妄動。
㉒廉潔可辱：廉潔好名，則可能經不起誹謗，失去理智。
㉓愛民可煩：慈眾愛民，惟恐殺傷士卒，則可能經不起敵人煩擾，陷於被動。

三、語譯

孫子說：大凡用兵的法則是，將帥受國君的命令，徵集民眾，組成軍旅。在難以通行的地區，不可宿營；在四通八達的地區，要注意與鄰國結交；在交通、給養困難的地區，不可滯留；在四面地形險阻，或敵人四面包圍時，要速為計謀；在後退無路的地區，要拚力死戰；行進時，有的道路不要通過；有的敵軍不要攻擊；有的城邑不要攻占；有的地區

不要爭奪；國君的命令，如不利於戰爭，也可不接受。所以為將帥的，能通曉各種權變的益處，可以算是懂得用兵了。如將帥不了解各種權變的益處，雖然知道地形情況，但是不能獲得地形利用之效果。治理軍旅如不明瞭各種權變的方式，雖然知道地形利用之效果，但是不能發揮軍旅之效用。

所以明智之將帥，在考慮問題的時候，必定同時兼顧有利與有害兩方面。在不利的狀況中，考慮有利的一面，可以增強信念；在有利的狀況中，考慮有害的一面，可以解除隱患。因此，用諸侯害怕的事，使其屈服我；用種種方式，使諸侯紛亂，內顧不暇；再以利益去引誘，使諸侯歸附我。

所以用兵的法則是，不要寄望於敵人不會來，而要依靠自己有萬全的準備，嚴陣以待；不要寄望於敵人不會進攻，而要靠自己有敵人無法攻破的力量。

將帥有五項最危險的事：只知死拚，如暴虎憑河，就可能遭敵所殺；貪生怕死，臨陣畏怯，就可能遭敵俘虜；性子急躁，又輕易發怒，就可能受不了凌侮；廉潔好名，就可能經不起誹謗；慈眾愛民，則可能被敵人煩擾。這五項危險，都是將帥易犯的過失，也是用兵作戰的大害，軍隊瓦解，將帥傷亡，往往是這五項危險造成的，不可不仔細反省察考。

四、概說

（一）通九變

將帥是軍旅之中樞，負戰爭成敗之重任，將帥用兵才能卓越，國家的安全就沒有顧慮，如果將帥能力有限，不但喪師敗績，而且有使國家覆亡之可能，因此孫子特別重視將領的才能，在〈作戰〉中說：「故知兵之將，民之司命，國家安危之主也。」在〈謀攻〉中說：「夫將者，國之輔也。輔周，則國必強；輔隙，則國必弱。」都是強調將帥對國家之重要性。除此之外，在〈始計〉中，孫子曾說：「將者，智、信、仁、勇、嚴也。」這是舉出為將者必須具備的五項基本武德。但是智、信、仁、勇、嚴是屬於將帥的個人修養方面，用兵作戰，爾虞我詐，千變萬化，光憑武德是不夠的，所以孫子一再說「懸權而動」、「因敵變化」，就是闡明將帥應針對狀況，隨機應變。〈九變〉所說的，就是在各種地形下，將帥應變的考慮。

「九變」的解釋，歷來各家並不一致，大體分為兩種，一是把「九」當成多數，「九變」即千變萬化之意，一是把「九」當成實數，即指孫子說的：「圮地無舍、衢地合交、絕地無留、圍地則謀、死地則戰、途有所不由、軍有所不擊、城有所不攻、地有所不爭、君命有所不受。」但是，傷腦筋的是孫子明明舉出十項，如何能與「九」相符合？因此，有人認為「城有所不攻、地有所不爭」是一回事，可以合為一項。也有人認為「君命有所不受」這一項，是總結前九項，應獨立在外，所謂〈九變〉是指前九項而言，不包括「君命有所不受」。這些說法各有各的道理，不必論斷其是非，就全文精神來看，〈九變〉的重點是放在「變」上，不是在於「九」這個數目字，因此我們應從「變」的觀點上來看為將之道。

孫子特別重視地形，自〈軍爭〉、〈九變〉到〈行軍〉、〈地形〉、〈九地〉都談到地形的問題，而且愈講愈詳細，對每一種地形都從戰略及戰術方面加以分析。因此本篇中涉及的五種地形：「圮地」、「衢地」、「絕地」、「圍地」、「死地」在〈九地〉篇中都有很仔細的說明，所以孫子只舉出在這些地形中，應採取何種行動，而沒有進一步解釋這些地形的特點。

至於「途有所不由，軍有所不擊，城有所不攻，地有所不爭，君命有所不受。」則

是在五種不同情況下的變通，前四項，著眼於戰術及戰略的考慮，有些道路不能走，有些敵軍不能擊，有些城邑不可攻，有些地區不宜爭，都是為了得之無益於全局。將帥在戰場上要作全盤的考量，不能單就一點衡量，這就是從戰略或戰術觀點上觀察全局，所以孫子說：「將不通九變之利者，雖知地形，不能得地之利矣。治兵不知九變之術，雖知地利，不能得人之用矣。」

關於「君命有所不受」這一點，乃是強調戰地指揮官把握戰機的運用，並不是事事可以不受命，孫子在〈地形〉上說：「故戰道必勝，主曰：無戰，必戰可也。戰道不勝，主曰：必戰，無戰可也。」將帥身處戰場，自能從戰況變化中看出虛實所在，「不受命」是為了軍旅、國家的安全，也是一時之權變，並不是隨隨便便就可以抗命的，否則就成為叛逆，絕非孫子心目中的將帥了。

（二）明利害

將帥身處戰場，指揮大軍作戰，最緊要的是考慮各種狀況，做成判斷，在考慮的過程中，當然以趨利避害為著眼，但是過分重視利的追求，就易犯只見其利不見其害的毛病。

孫子在〈兵勢〉中說：「能使敵自至者，利之也，能使敵不得至者，害也。」在〈軍爭〉中說：「兵以詐立，以利動。」我之所以往，是因為有利於戰局，敵之所以來，也是因為敵人認為他的行動可以占有利的地位，究竟誰是真的得到「利」呢？或者誰是「以利誘之」，使對方墜入陷穽而無所知呢？況且，戰略的布署有其長遠的一面，眼前之利，在種種情勢改變之後，往往反成其害，而眼前之害，往往又變成日後之利。對於利害之權衡分辨，是將帥必須深謀遠慮，妥為考量的事。

孫子在本篇中提出「智者之慮，必雜於利害」的觀點，即將帥對各種情況之思慮，必居利思危，處害思利，同時將利害兩面來予以考量。其實，不僅將帥應該如此，在日常生活中的一般人，也應該有這種思維的方式，利中必有害，害中必有利，天下無盡善盡美，有利無害的事，要利害互相比較，才能有正確的判斷。所以孫子分析利害兩者，說：「雜於利而務可信，雜於害而患可解。」在不利的狀況之下，把握其有利因素，雖極其微小，只要信心十足，仍有成功之可能，例如東晉「淝水之戰」，漢光武「昆陽之捷」，在兵力上、形勢上，實無一利可言，終能扭轉形勢化害為利，取得決定性的勝利，這就是「雜於利而務可信」。相反的，失敗的一方，雖處處占在有利的條件之下，但是只見其利不見其害，大意輕敵，致遭慘敗，這就是沒有做到「雜於害而患可解」的原則，積小害而成大患，

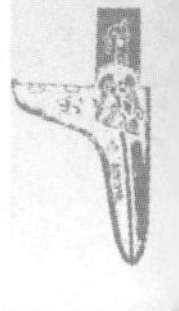

終致無可挽回。因此，為將帥者應於害中掌握有利因素，於利中檢討有害之處，參雜計劃，才能做正確明智之判斷。

（三）知五危

孫子說：「將有五危：必死可殺，必生可虜，忿速可侮，廉潔可辱，愛民可煩。」這五項是針對將帥的性格上的弱點而說的。第一種是只知抱必死的決心，而不知針對情況合理處置，作戰時拚死向前，很容易就犧牲了，因此說：「可殺」。第二種是貪生怕死，很容易遭敵俘虜，因此說：「可虜」。第三種是性子急躁，又輕易發怒，很容易因難受侮辱而輕舉妄動，因此說：「可侮」。第四種是廉潔好名，為了保持自己的令名，經不起誹謗，很容易失去理智，因此說「可辱」。第五種是慈愛寬厚，惟恐殺傷部屬，不能採取果敢行動，很容易遭敵人煩擾，因此說：「可煩」。這五種都是將帥性格上的弱點，而這些弱點常可能成為失敗的關鍵，所以孫子接著說：「覆軍殺將，必以五危。」

左宗棠論用將說：「凡將有五危、六敗、十過。所謂五危者：志存必死者，可誘而殺；貪生者，可餌而虜；忿速者，可侮；廉潔者，可辱；愛民者，可煩。六敗者：不量強弱，本乏刑德，素失訓練，輕喜易怒，法令不行，不擇驍果。十過者：勇而輕身者，可暴也；性急而心速者，可久也；貪而好利者，可遺也；仁而不忍者，可勞也；智而心卻者，可窘也；信心而輕人者，可誑也；廉節而不侮人者，可侮也；有智而遲緩者，可急攻也；剛毅而自用者，可爭也；懦而喜用人者，可欺也。」大體上不出孫子所說的「五危」的範圍，可見將帥這些性格上的弱點，以及其所造成的後患，是古今名將所公認的。

先總統蔣公有一段話論及將帥之修養，他說：「凡是一個領導者，無論在智識能力，尤其是性格上，必須時時保持其均衡不偏才行，這當然是不容易的事。因為必是有才幹的人，必然是有其個性的，要求得其不偏不激，合乎中庸持平，是很難的，如果他能時時注意自己的個性，而能不使其過度放縱不羈，且以保持平衡自勉，亦就得益非少了。這平衡兩字，如用我國古語：『我心如秤，不能為人作輕重』來解釋，庶幾近之。」這段話適足以做「五危」之針砭，將帥之有「五危」，是由於性格上有偏執傾向，唯有在修養上自我檢討和改進，才能逐步校正，而校正之道，即以身心平衡為首要，如果做不到這一點，那實在是；「將之過也，用兵之災也。」後果之嚴重，可以想見，所以將帥不但在戰場上要沉著冷靜，即使在平時亦應時刻留意，深自省察。

第九章　處軍相敵——〈行軍〉

一、原文

孫子曰：凡處軍相敵①，絕山依谷②，視生處高③，戰隆無登④，此處山之軍也。絕水必遠水⑤，客⑥絕水而來，勿迎於水內，令半濟⑦而擊之利。欲戰者，無附於水⑧而迎客，視生處高，無迎水流⑨，此處水上之軍也。絕斥澤⑩，惟亟去⑪勿留，若交軍於斥澤之中，必依水草，而背眾樹⑫，此處斥澤之軍也。平陸處易⑬，右背高⑭，前死後生⑮，此處平陸之軍也。凡此四軍之利⑯，黃帝之所以勝四帝⑰也。

凡軍好高而惡下⑱，貴陽而賤陰⑲，養生處實⑳，軍無百疾，是謂必勝。丘陵隄防，必處其陽，而右背之，此兵之利，地之助也。上雨水沫至㉑，欲涉者，待其定也。凡地有絕澗㉒、天井㉓、天牢㉔、天羅㉕、天陷㉖、天隙㉗，必亟去之，勿近也；吾遠之，敵近之，吾迎之，敵背之。軍旁有險阻、潢井㉘、蒹葭㉙、林木、翳薈㉚者，必謹覆索之㉛，此伏姦之所也。

敵近而靜者，恃其險也。遠而挑戰者，欲人之進也。其所居易者，利也㉜。眾樹動者，來也。眾草多障，疑也㉝。鳥起者，伏也。獸駭者，覆也㉞。塵，高而銳者㉟，車來也；卑而廣者㊱，徒來也；散而條達者，樵採也㊲；少而往來者，營軍也㊳。

辭卑而益備者㊴，進也。辭強而進驅者㊵，退也。輕車先出其側者，陣也。無約而請和者㊶，謀也。奔走而陳兵者，期㊷也。半進半退者，誘也㊸。杖而立者，飢也。汲而先飲者㊹，渴也。見利而不進者，勞也。鳥集者，虛也㊺。夜呼者，恐也㊻。軍擾者，將不重也㊼。旌旗動者，亂也㊽。吏怒者，倦也㊾。殺馬肉食者，軍無糧也。懸甀（ㄗㄥˋ zèng）不返其舍者㊿，窮寇也。諄諄翕翕（ㄒㄧˋ xì），徐與人言者(51)，失眾也。數賞者，窘也(52)。數罰者，困也(53)。先暴而後畏其眾者(54)，不精之至也(55)。來委謝者，欲休息也。兵怒而相迎(56)，久而不合，又不相去，必謹察之。

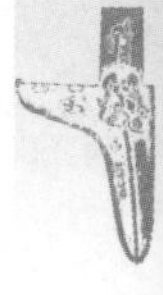

兵非貴益多，惟無武進57，足以併力料敵取人而已58。夫惟無慮而易敵者59，必擒於人。

卒未親附而罰之，則不服，不服則難用。卒已親附而罰不行，則不可用。故令之以文60，齊之以武61，是謂必取62。令素行63以教其民，則民服，令不素行以教其民，則民不服；令素行，與眾相得64也。

二、註釋

①處軍相敵：處，處置、布署；相，觀察、判斷。意即軍旅在各種地形上之布署要領，以及對敵情之觀察判斷。

②絕山依谷：絕，橫渡、穿越，軍旅越山而行時，宜沿谷地前進。

③視生處高：視，面向；生，指可攻可守，進退自如之生地；意即軍旅應注意生地，以及布署高地。

④戰隆無登：隆，高也，戰隆，即敵人先占高地為陣。無登，勿做正面仰攻。

⑤絕水必遠水：絕水，橫渡河川；遠水，迅速遠離河川。

⑥客：指敵軍。

⑦半濟：一半已渡河上岸，一半尚在水中。

⑧附於水：即以兵力沿河岸配置。

⑨無迎水流：不要逆著水流在敵軍下游布陣。

⑩絕斥澤：斥澤，即含鹼之海濱地帶或沼澤地帶，絕，穿越之意。

⑪惟亟去：惟，宜也；亟，急也。宜迅速離開。

⑫背眾樹：背依樹林，面向沼澤，採較有利之地位。

⑬平陸處易：易，平坦之地。意即在平原地帶作戰，宜採平坦地勢布署，以利車戰。

⑭右背高：指占右翼高地為依托，另一說：背靠高地為上，右，上也，古以右為上。

⑮前死後生：死，下也。生，高也。《淮南子．地形訓》：「高者為生，下者為死。」

⑯四軍之利：指上述山、水、沼澤、平陸四種地形之布署原則。

⑰四帝：即四方部落首領，曹操注：「黃帝始立，四方諸侯無不稱帝，以此四地勝之也。」

⑱好高而惡下：宜高處，忌低下，取其空氣流通之意。

⑲貴陽而賤陰：此處「陰陽」係指方向而言，東、南為陽，西、北為陰。取其光線充足之意。

⑳養生處實：指軍旅處於身心健康，糧秣充實之狀態。
㉑上雨水沫至：上流降雨，而流下泡沫時，乃水勢泛濫之徵候，須待水勢穩定再渡河。
㉒絕澗：絕壁斷崖之谿谷。
㉓天井：四面高峻，中間低窪之凹地。
㉔天牢：險山環繞，易入難出之地，形如牢獄一般。
㉕天羅：荊棘叢生，進退不便，刀矛劍戟不便使用之地，形如羅網一般。
㉖天陷：地勢低窪，溝渠縱橫，泥濘流沙，易陷人馬之地，形如陷阱一般。
㉗天隙：兩山之間之狹長谷地，只有一隙可見天日。
㉘潢井：水草叢生之沼澤。
㉙蒹葭：蘆葦蔓生之處。
㉚翳薈：野草蒼鬱之處。
㉛謹覆索之：謹慎地、反復地搜索。
㉜其所居易者，利也：指敵軍不居險要，而在平坦之地布署，必另有其用意。
㉝眾草多障者，疑也：敵人在雜草叢生之處，設有許多障蔽物，是企圖故布疑陣。
㉞獸駭者，覆也：見獸類駭奔走逃，必有敵人來潛襲我。曹操注：「來覆我也。」

㉟塵，高而銳者：塵土向高處飛揚，而且成尖形。
㊱卑而廣者：塵土低揚，而面積廣者。
㊲散而條達者，樵採也：塵土分散各處，像樹枝一樣向上伸展，這是敵軍在伐木採樵。
㊳少而往來者，營軍也：塵埃少揚，且見敵軍往來其間，是敵人從事營舍工事。
㊴辭卑而益備者：指敵人之使者言辭謙卑，但實際上卻加緊備戰。
㊵辭強而進驅者：敵人之使者言詞強硬，並且在行動上擺出進迫之姿態。
㊶無約而請和者：敵之使者未提出保證或交換和約，僅口頭言和，此必另有計謀。
㊷期也：有所期待之意，即敵人可能在等待支援，合力攻我。
㊸誘也：引誘我深入，或牽制我主力。
㊹汲而先飲者：自井中打水，而役夫自己先飲用。
㊺鳥集者，虛也：飛鳥群集敵營，是表示敵人已退，營地空虛。
㊻夜呼者，恐也：敵軍夜半驚叫，乃恐懼不安。
㊼軍擾者，將不重也：敵軍紊亂無秩序，是其將帥沒有威嚴。
㊽旌旗動者，亂也：指揮用的旗幟搖擺不定，是敵軍隊伍混亂。
㊾吏怒者，倦也：吏，是基層幹部，俸薄而事煩，幹部易怒，係疲憊之現象。

㊿懸甀不返其舍：甀，炊事用之瓦器，懸甀，即懸於壁上或懸於樹上，即棄置不用，拋棄炊具，覓食於野外。

(51)諄諄翕翕，徐與人言：諄諄，反覆叮嚀；翕翕，神情不安；徐，柔而無威。

(52)數賞者，窘也：一再犒賞士卒，這是將帥對其士卒已無辦法。

(53)數罰者，困也：一再處罰士卒，這是將帥對士卒之統御有困難。

(54)先暴而後畏其眾者：先對士卒凶暴，後來又畏懼士卒反抗。

(55)不精之至：最不聰明；不聰明之至。

(56)兵怒而相迎：敵軍氣勢洶洶前來迎戰。

(57)武進：恃勇輕進。

(58)足以併力料敵取人而已：只要集中力量，算準敵人虛實，乘勢取勝敵人就可以了。

(59)無慮而易敵者：不深謀遠慮，且輕視敵人。

(60)令之以文：曹操註：「文者，仁也」，即教之以仁義禮智信。

(61)齊之以武：曹操註：「武者，法也」，即訓之以軍法、軍紀，以齊一動作。

(62)必取：必可取勝之軍。

(63)素行：指平素認真施行，貫徹命令。

⑭相得：相互契合，相互信賴。

三、語譯

孫子說：凡軍旅布署作戰和觀察判斷敵情，應注意：在越山而行時，要沿谷地前進；要注意可攻可守之地，以及可供布署之高地；如敵人先占據高地，切勿作正面之仰攻；這是在山地作戰時的布署原則。橫渡河川後，必迅速遠離河岸，以免為敵所乘；敵人如渡河來攻，切勿迎擊於水中，等其一半已上岸，一半尚在水中時，發動攻擊才有效；如果要與敵軍決戰，不要沿河岸配置兵力迎戰，而要在河岸高地布署，更不要逆著水流，在敵軍下游布陣，這是在河川地區作戰原則。橫越沼澤地區，應迅速離開，不要停留；如在沼澤地區作戰，一定要占水草茂盛之地，最好背依樹林，這是沼澤地區作戰布署原則。如在平原作戰，應在地勢平坦之處布署，右翼或背依高地，以地形前低後高為良好，這是平原作戰之要領。以上四種作戰布署之原則，是遠自黃帝時代就遵循的，其所以能戰勝四方部落首領，都是依照這些原則。

大凡軍旅駐紮，總以高處為優，低下為劣；以陽光充足為優，以陰暗潮濕為劣。軍旅處於身心健康，糧秣充足之狀態，不致滋生疾病，就有取勝之把握。在丘陵或堤防布署時，應背依高地，面向敵人，這是藉地形掩護，有使敵人無法攻我側背的優點。上流降雨，則下游水流必有泡沫，要渡河時，必等水勢穩定後才可。大凡地形如遇到：絕壁斷崖之谿谷；四面高峻，中間低窪之凹地；險山環繞，易入難出之地區；荊棘叢生，進退不便，刀矛劍戟不便使用之地區；地勢低窪，泥沙沮洳，易陷人馬之地區；兩山之間之狹長谷地等；一定要盡速離開，不可接近。我軍遠離這種地區，敵軍可能會接近這種地區，如我軍發動攻舉，則可迫使敵軍退入這種區域。行軍時，如旁有險阻地形、沼澤地區、蘆葦蔓生之處、樹林、野草叢生之所，一定要謹慎地、反復地搜索，這些都是奸細易於藏身的地方。

敵軍距我很近而能保持鎮靜，是依仗其有險要地形。敵軍距我很遠而又前來挑戰，是企圖誘我前進。敵軍不居險要，而在平坦之處布署，必有其自以為利之處。林中有很多樹木搖動，是有敵人來。在雜草叢生處，設有許多障蔽物，是敵人故布疑陣。見鳥雀突然飛起，是有敵人埋伏。見獸類奔逃，是有敵人來襲。至於塵土，如高揚而且呈尖形，是兵車前來；如低揚而面積廣者，是兵卒前來；如散開而像樹枝一樣，是敵軍在伐木採樵；如塵

埃少揚，士卒往來其間，是敵軍在做營舍工事。

如果敵人的使者言辭謙卑，但軍旅卻積極備戰，這是向我進擊的預兆。敵人使者如言辭強硬，並且在行動上擺出進迫之姿態，這是後退的預兆。敵人如先派出戰車占住兩側，是準備列陣和我決戰。沒有提出保證或和約，僅口頭言和，則敵人必有計謀。如車馬往來奔馳列陣，則敵人必有所期待。又像進擊，又像防守，則敵人必欲引誘我深入。敵人之士卒如需倚杖才能站立，這是因飢餓而無力氣。敵人取水，而打水之人自己急著先喝，這表示敵軍缺水。敵人見利而不行動，表示軍力疲憊。飛鳥群集敵營，表示敵人已經離開。敵軍夜晚呼叫不止，表示敵人恐懼不安。敵軍紊亂無秩序，表示將帥沒有威嚴。敵軍旗幟搖擺不穩，表示其隊伍已經混亂。敵軍幹部急躁易怒，表示厭倦作戰。敵軍殺馬而食，表示已經缺乏糧食。敵軍拋棄炊事用具，表示已經陷於困境。敵軍將帥對其士卒反覆叮嚀，神情不安，柔弱無威，表示已得不到擁護。一再犒賞其士卒，表示已無辦法。一再處罰士卒，表示將帥統御有困難。先對士卒凶暴，以後又怕士卒反抗，這是最不聰明的將帥。敵人藉故派使者來談判，表示其欲休戰。敵人氣勢洶洶前來，久不與我接戰，又不退去，必有計謀，宜謹慎觀察。

用兵作戰，並不在於兵愈多愈好，只要不輕敵躁進，就可以集中力量，算準敵人之虛

實，乘勢取勝。只有無深謀遠慮，而又輕視敵人的，必遭敵所擒。

將帥在士卒沒有親近依附，就施以重罰，必不會心服，不心服，就難以用來作戰。士卒已經親近依附後，該罰而不罰，則同樣也不能用來作戰。所以要教之以仁義，訓之以軍法，才能成為必可取勝之軍旅。平常認定施行，貫徹命令，則士卒心服；平素不施行教誨，則士卒不心服；教化施行，命令貫徹，則將帥與士卒能互相契合，互相信賴。

四、概說

（一）處軍四法

〈行軍〉是《孫子兵法》第九篇，這個「行軍」的意思並非今日所謂將部隊從某地行進至另一處，而是闡述軍旅在「山地」、「河川」、「沼澤」、「平陸」四種地形的用兵原則；以及三十三種觀察敵人虛實的方法，即是孫子在本篇起首說的：「處軍相敵」。「處軍」是布署軍隊，「相敵」是觀察敵情，都是用兵作戰時，將帥必應知曉的要領。

關於「處山之軍」（山地作戰），孫子主張要「絕山依谷，視生處高」，即靠近山谷前進，同時占據制高點。依山谷進軍的好處是，谷內有村落水草，既可休息人馬，又可避敵視線；占據制高點是便於瞰制敵人，保持警戒，以便於軍旅進出。但是，當敵人已先占高地，居高臨下時，不要勉強仰攻，須設法迂迴，這就是「戰隆勿登」，孫子在〈軍爭〉中也說過：「高陵勿向，背丘勿逆」的話，意思上是一樣的。古代作戰，全仗人力、獸力，先占高險之地，自然據優勢地位。

關於「處水上之軍」（河川戰），孫子認為部隊在渡河之前和渡河之後，其集結位置要與河川保持適當的距離，不能距離河川太近，以利兵力之機動，這就是：「無附水而迎客」。其次，在布署時要選擇河川上游，而且先要占據河岸附近的高地，這就是：「視生處高，勿迎水流」。假如敵人渡河向我攻擊，不要到河岸邊迎擊，等敵人渡河一半，兵力分散在近岸、河中、和遠岸時，才發動攻擊，可收一舉殲滅之效果。

關於「處斥澤之軍」（沼澤作戰），孫子認為這種地形本不宜作戰，最好「亟去無留」，如果一定要作戰時，必須靠近水草而背後有樹林為倚托，因為有樹林的地區，土質通行性較良好，不會泥濘深陷。但是有一個顧慮是孫子沒有說的，那就是敵人如採用火攻，背有樹林，前有沼澤，後果就很嚴重了。

關於「處平陸之軍」（平原作戰），孫子認為選擇平坦的地形以利車馬，但是右翼或側背要以高地為依托，最好是我居略高之處，敵居略低之地，這樣使敵人向我攻擊困難，而我向敵人攻擊則非常方便。

在這四種地形的作戰布署之外，孫子還特別提出「絕澗」、「天井」、「天牢」、「天羅」、「天陷」、「天隙」等特殊地形，應保持高度警覺，最好不要接近，以免軍旅陷入其中，受制於敵人，如果不得已而非要在這些地形附近用兵時，可以用「吾遠之，敵近之，吾迎之，敵背之」的方法，即我軍在這些特殊地形附近運動，但是保持距離，不進入，更不深入，使敵人按捺不住，待敵人先進入或通過這些地形後，奮力迎擊，壓迫敵人，陷於不利的地位。

此外，對於「險阻」、「潢井」、「蒹葭」、「林木」、「翳薈」等，足以隱蔽人馬的地形，孫子也特別注意，認為這些都是「伏姦之所」，一定要「謹覆索之」，以免中伏而不自知。這些都是行軍宿營必須警戒的事項，雖然說得很簡略，但是言簡意賅，足以舉一反三，為將帥者，不可不知。

（二）相敵三十三術

「相敵」是觀察敵人的動靜，藉以了解敵人的真正情形，並判斷其企圖。這三十三種方法，有的是就敵人的動作觀察，有的就敵人的言行觀察，有的可以明察，有的需要暗察。近代兵學家蔣百里先生說：「本節論行軍者當利用偵探也。偵探者，行軍之耳目，偵探不確實、不詳密，則兵必陷於危境；此節列舉偵探之方法也。」頗有見地，雖然孫子在本節中並未談到運用偵探，但是就孫子所列舉的各種方法來看，有許多項是非賴偵探或斥候深入敵方，否則無法知道的，所以把這一部分視為偵查斥探的方法，也無不可。

這三十三種方法中，關於「敵近而靜者，恃其險也；遠而挑戰者，欲人之進也；其所居易者，利也。」這三項，只要偵探敵人的營舍，便可以了解。「眾樹動者，來也。眾草多障，疑也。鳥起者，伏也。獸駭者，覆也。塵，高而銳者，車來也；卑而廣者，徒來也；散而條達者，樵採也；少而往來者，營軍也。」這八項是部隊行進間所引起的自然改變，只要派斥候探查，便可了解。

「辭卑而益備者，進也。辭強而進驅者，退也」、「無約而請和者，謀也」以及「來委謝者，欲休息也。兵怒而相迎，久而不合，又不相去，必謹察之」這五項是主帥就已知的敵情，對敵軍行動研判，「輕車先出其側者，陣也。奔走而陣兵者，期也，半進半退者，誘也」、「見利而不進者，勞也」以及「旌旗動者，亂也」，這五項是雙方在遭遇戰時，主帥觀察敵情，所做的研判。此外，「杖而立者，飢也。汲而先飲者，渴也」、「鳥集者，虛也。夜呼者，恐也。軍擾者，將不重也」，再加上「吏怒者，倦也。殺馬肉食者，軍無糧也。懸甀不返其舍者，窮寇也。諄諄翕翕，徐與人言者，失眾也。數賞者，窘也。數罰者，困也。先暴而後畏其眾者，不精之至也」等十二項，均須由偵探人員潛入敵軍，方能得知其詳。所以，就全部三十三項孫子所列舉的「相敵」之術來說，大多數不能自表面徵候得知，必須由可靠的偵查斥候人員深入了解後，才能判斷其偽。

敵軍所顯示的各種跡象，固可以因而判斷其狀況，但是有時可能是敵人故作姿態，誘我中計，所以偵察要力求真實可靠，判斷要慎重明智，才不致輕率行動，遭遇失敗。戰國時，魏將龐涓追擊齊軍，齊軍主帥是田忌，軍師是孫臏，孫臏即採減灶而行之法，令士卒第一日設十萬灶，第二日設五萬灶，第三日減為三萬灶。龐涓觀察齊軍設灶炊事的痕跡，判斷齊軍已逃亡大半，所以設灶日減，便輕騎急追，孫臏則估計魏軍速度、設伏兵於馬陵道上，萬弩齊發，一舉殲滅魏軍，龐涓兵敗白刎而死。由此可見，「相敵」之術，貴在得

其真情，唯依真實的情報，才能做正確的判斷，所以孫子說：「夫惟無慮而易敵者，必擒於人。」就是這個意思。

第十章　地道將任——〈地形〉

一、原文

孫子曰：地形①有通者②，有挂者③，有支者④，有隘者⑤，有險者⑥，有遠者⑦。我可以往，彼可以來，曰通；通形者，先居高陽⑧，利糧道⑨以戰，則利。可以往，難以返，曰挂；挂形者，敵無備，出而勝之，敵若有備，出而不勝，難以返，不利。我出而不利，彼出而不利，曰支；支形者，敵雖利我，我無出也；引而去之，令敵半而擊之，利。隘形者，我先居之，必盈以待敵⑩；若敵先居之，盈而勿從⑪，不盈而從之⑫。險形者，

我先居之，必居高陽以待敵，若敵先居之，引而去之，勿從也。遠形者，勢均⑬，難以挑戰，戰而不利。凡此六者，地之道⑭也，將之至任⑮，不可不察也。

故兵有走者⑯，有弛者⑰，有陷者⑱，有崩者⑲，有亂者⑳，有北者㉑；凡此六者，非天地之災㉒，將之過也。夫勢均，則一擊十，曰走。卒強吏弱，曰弛。吏強卒弱㉓，曰陷。大吏㉔怒而不服，遇敵懟㉕而自戰，將不知其能，曰崩。將弱不嚴，教道不明，吏卒無常㉖，陳兵縱橫㉗，曰亂。將不能料敵，以少合眾，以弱擊強，兵無選鋒㉘，曰北。凡此六者，敗之道也。將之至任，不可不察也。

夫地形者，兵之助也㉙。料敵制勝，計險阨遠近㉚，上將之道㉛也。知此而用戰者，必勝；不知此而用戰者，必敗。故戰道必勝㉜，主曰：無戰，必戰可也㉝。戰道不勝，主曰：必戰，無戰可也㉞。故進不求名，退不避罪，唯民是保㉟，而利於主㊱，國之寶也。

視卒如嬰兒，故可與之赴深谿；視卒如愛子，故可與之俱死。厚而不能使㊲，愛而不能令㊳，亂而不能治㊴，譬若驕子，不可用也。

知吾卒之可以擊，而不知敵之不可擊，勝之半也；知敵之可擊，而不知吾卒之不可擊，勝之半也。知敵之可擊，知吾卒之可擊，而不知地形之不可以戰，勝之半也。故知兵者，動而不迷㊵，舉而不窮㊶。故曰：知彼知己，勝乃不殆；知天知地，勝乃可全。

二、註釋

①地形：地理形勢，本篇係指戰術地形而言。

②通者：敵我均可以往來之地形。

③挂者：挂，懸挂之意（挂同「掛」）。往則順勢而下，返則逆勢而上，後高前低，如物品懸挂的樣子。

④支者：支，分離、分散以及兩相對峙之意。兩軍之間有危險地帶，誰先出戰，誰就陷入不利地形之中，這種地形叫「支」。

⑤隘者：兩山夾峙之隘道、隘口。

⑥險者：山峻谷深，居高臨下之險地。

⑦遠者：兩軍之中間地域遼闊，如沙漠、沼澤、湖泊、凍原等，誰進入這種地區，誰就屬不利之地位。

⑧先居高陽：高，高地。陽，向東、南，但作戰時不能以東、南為限，故「陽」宜解為視界遼闊

之地形。

⑨糧道：補給路線。

⑩必盈以待敵：盈，即齊口滿盈之意，處隘形地，應守住隘口制敵。

⑪盈而勿從：如敵人已制守隘口，則我不可進擊。

⑫不盈而從之：敵人未制隘口，則可進擊。

⑬勢均：指雙方軍力相當之情況下。

⑭地之道：地形利用之原則。

⑮至任：首要職責。

⑯走者：敗走，指自取敗亡。

⑰弛者：紀律廢弛，無法約束。

⑱陷者：驅士卒入險境。

⑲崩者：將士彼此怨懟（ㄉㄨㄟˋ duì），如山之崩壞。

⑳亂者：雜亂無章，指揮紊亂。

㉑北者：見敵望風而逃。

㉒天地之災：受天時、地形之影響而遭失敗。

㉓卒強吏弱：士卒強悍而將帥無能，指揮錯誤。

㉔大吏：主帥以下的高級指揮官。

㉕懟：怨恨，此處為意氣用事之意。

㉖吏卒無常：各級指揮官及士兵，沒有可茲遵循之常法和標準。

㉗陳兵縱橫：布署軍隊雜亂無章。

㉘兵無選鋒：用於作戰之部隊未經認真挑選精銳。

㉙兵之助也：用兵作戰之輔助條件。

㉚計險阨遠近：計算地形之險阻、遠近，再下判斷。

㉛上將之道：主將、統帥必須做到的。

㉜戰道必勝：戰道，指戰場之狀況。必勝，有取得勝利之把握。

㉝必戰可也：可以下決心作戰。

㉞無戰可也：可以決定不作戰。

㉟唯民是保：專心一意為保國衛民而努力。

㊱而利於主：只求有利於國君。

㊲厚而不能使：厚養士卒，以至習於安逸，不堪驅使其作戰。

㊳愛而不能令：溺愛士卒，以至驕惰成性，無法令其作戰。

㊴亂而不能治：違反紀律而不能懲治，以至放蕩不羈，造成紊亂。

㊵動而不迷：行動不迷惑，即謂不盲目行動。

㊶舉而不窮：一切措置均有無窮之變化。

三、語譯

孫子說：地形有：「通」、「挂」、「支」、「隘」、「險」、「遠」六種類型。凡是我可以去，敵人也可以來的，是「通形」；在這種地形作戰，先要占據視界遼闊之高地，並保持補給路線之通暢，才有利於作戰。凡是易於進，難於出的地形，是「挂形」，在這種地形作戰，敵人無防備時出擊，可以取勝；如敵人有防備時出擊，不易取勝，而且敵人如斷我歸路，難以退兵，所以是很不利的。凡是我出擊不方便，敵人出擊也不方便的地形，是「支形」；這種地形，敵人儘管引誘我，我也不能出擊，可以帶領軍旅他去，使敵人來追，等敵人的部隊有半數進入這種地形時，再回頭發動攻擊，才會造成有利的局面。至於

「隘形」地，我應該先占據住，而且應守住隘口制敵，如果敵人先占據隘口，而且在隘口布署設防，我不能強行通過，敵人雖占據隘地，但不是在隘口設防，我可以考慮進擊。至於「遠形」地，如在雙方軍力相當的情況下，挑戰的一方較困難，誰先進擊，誰就處於不利的地位。以上這六種，是地形利用之原則，也是主帥的首要職責，不能不仔細體察。

軍旅失敗的情形有：「走」、「弛」、「陷」、「崩」、「亂」、「北」六種類型。這六種都不是由於天時和地形作祟，而是將帥的過失造成的。在雙方戰力相當的情況下，僅以一分兵力攻擊敵人十分的軍旅，而遭敗亡，叫做「走」。士卒強悍而將帥無能，叫做「弛」。將帥強勇，而士卒怯懦，叫做「陷」。各級指揮官怨怒不服從命令，遭遇敵人時又意氣用事，擅自出戰，而主帥不知其能力，叫做「崩」。主將怯懦不夠威嚴，教育訓練又不明確，各級指揮官及士兵，沒有可茲遵循之標準，布署軍隊雜亂無章，叫做「亂」。主將無法正確研判敵情，以少數進擊多數，以弱勢擊強勢，用於作戰之部隊又未經挑選，叫做「北」。以上六種，都是導致軍旅失敗的狀況，也是主將的首要職責，不可不仔細體察。

地形是用兵作戰之輔助條件，而判斷敵情，制定取勝計劃，研究地形險阻，計算道路遠近，都是主將必須做到的。懂得這些理論而後用兵，必有取勝機會；不懂這些道理而輕舉妄動，必遭失敗。所以主將如權衡戰場之狀況，有把握必勝，即使君主說不必打，也可以下決心作戰。如果主將衡量戰場狀況，沒有制勝之條件，即使君主說一定要打，也可以決定不作戰。所以，做主將的人必須把握住：不貪求戰勝的虛名，不迴避抗君命的罪責，只求保國衛民，只求有利君主，這樣的將帥，才是國寶。

將帥對士卒像嬰兒一樣，士卒就能追隨將帥共赴深淵；將帥對士卒像子女一樣，士卒就能為將帥效命。如果只是厚養士卒而不能驅使作戰，溺愛士卒而無法使之接受命令，違反紀律而不能予以懲治，那就像一個驕生慣養的兒子一樣，是不能用來打仗的。

只了解我軍能作戰，不了解敵軍能不能作戰，取勝的機會只有一半；已知敵軍之弱點，可以進擊，但不知我軍沒有攻擊的能力，取勝的機會也只有一半；既了解敵軍之弱點，也了解我軍之能力，但是卻不了解地形上不適宜用兵作戰，也只有一半取勝的機會。所以真正懂得用兵的將帥，他的一切行動都是正確思考而不盲目行動，一切措置均有無窮變化。所以說：既了解敵人又了解自己，勝利已有把握；既了解天時又了解地形，勝利的機會就萬全無缺了。

四、概說

（一）地之道

〈地形〉是《孫子兵法》第十篇，申論地形之利用。孫子最重視地形，他說：「夫地形者，兵之助也。料敵制勝，計險阨遠近，上將之道也。知此而用戰者，必勝；不知此而用戰者，必敗。」可見孫子視地形之利用為勝敗之關鍵，並且舉出六種地形：「通形」、「挂形」、「支形」、「隘形」、「險形」、「遠形」，說明在這些地形中作戰取勝之道。

所謂「通形」，是平易開闊，四通八達，敵我均可以往來的地形，在這種地形作戰，要先占領高地，而且確保補給線的暢通，以便於糧食秣草的輸送。

所謂「挂形」，是容易去，不容易回的地形，「挂」是懸掛的意思，後高前低，有如懸掛一樣東西，如我軍布陣於山腹，敵軍布陣山麓，往則順勢而下，返則逆勢而上。假使敵人沒有防備，出擊取勝的機會很大，如果敵有備，不能取勝，就易遭敵人截斷退路，這

是非常不利的，所以孫子說：「可以往，難以返。」

所謂「支形」，是我軍與敵軍之間有暴露的危險地帶，如湖泊、河流、平地等，雙方各據險要對峙，相安無事，誰先出擊，誰就暴露身形，處不利情況。而對這種地形，不可先出，要誘使敵人離開險要，進入危險地帶，暴露原形時，才集中主力進攻。

所謂「隘形」，是指兩山夾峙之隘道、隘口，在這種地形作戰，應先占隘口，沿隘道做縱深布署，尤其要封鎖隘口及附近有利地形。如果敵軍先占隘口，不要冒險去攻擊；但是，敵軍如守在隘道中間，隘口防守薄弱，則可設法攻擊，因為一旦我攻入隘道，譬如兩鼠鬥於穴中，共分隘道之險，勇者得勝，敵人不能占地形的便宜，這就是孫子說的：「盈而勿從，不盈而從之。」

所謂「險形」，是指山峻谷深，易守難攻，形勢非常險要的地帶。如果我軍先占領險形地帶，應據守具有鳥瞰作用的制高點，以逸待勞，如敵人先占，就應放棄正面攻擊，另外選擇迂迴路線，以免陷於不利的地位。

所謂「遠形」，是指敵我兩軍之間地域遼闊，如隔有沙漠、沼澤、大湖、凍原等地帶，如果我方沒有絕對的優勢兵力，出兵挑戰，又沒有有利的地形作為掩護，失敗的可能性很大，所以孫子說：「遠形者，勢均，難以挑戰，戰而不利。」

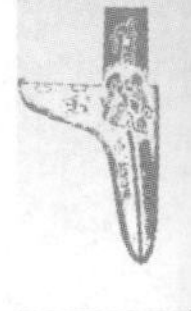

這六種地形的利用，並非一成不變的，如墨守成法，往往適得其反。例如三國時，馬謖奉命拒魏兵，副將王平建議在五路總口下寨，屯兵當道，扼守衢口，魏兵必無法通過；但是馬謖不聽，認為當道豈是屯兵之所，應該屯兵山上，居高臨下，勢如劈竹；結果魏兵將山團團圍住，絕其水源，蜀兵不戰自亂，大敗而逃，遂失街亭，諸葛亮也只有揮淚斬馬謖了。可見將帥對地形的利用必須因地制宜、因時制宜，始能克敵制勝，所以孫子說：

「凡此六者，地之道也，將之任也，不可不察也。」

（二）將之任

〈地形〉中所討論的將帥之道，與前面〈九變〉中談到的不同，這裡是專就將帥措置失當，致遭失敗的情形列舉說明，而認為一切的失敗責任，應由統軍將帥承當，孫子列舉了六種情形：「走」、「弛」、「陷」、「崩」、「亂」、「北」，而認為：「凡此六者，敗之道也，將之至任，不可不察也。」

所謂「走」，是指敵我的戰力、條件相當，但是將帥調遣失當，不能集中兵力，以一分力量，打十倍於我的敵人，結果只有敗走一途了。

所謂「弛」，是指士卒強悍，然而各級領導的幹部很弱，以致不能發揮統轄制御之權，坐令軍紀廢弛，打起仗來群龍無首，自然失敗。

所謂「陷」，是各級幹部強勇，但是士卒缺乏訓練，臨陣怯懦，鼓之不進，幹部向前而士卒不能隨之前進，往往幹部強驅士卒衝殺，而無法贏得勝利，白白犧牲，無異驅策士卒入陷穽。

所謂「崩」，是主帥以下的高級指揮官，憤怒不服號令，遇到敵人時，因心懷不滿而擅自行動，主帥既不了解情況，又沒有控制的能力，以致一著敗而全局輸，陷於不可收拾的地步。

所謂「亂」，是將帥無能，或者反覆多變，各級指揮幹部及士兵，沒有可以遵循之常法和標準，部隊行軍、營舍和作戰布署不能保持建制和序列的嚴整，既無組織，亦無計劃，所以叫「亂」。

所謂「北」，是指將帥不能判斷敵情，低估敵人，用劣勢的兵力去打優勢的敵人，這已經不妙了，如再不能選拔一些驍勇將士做先鋒，一經與敵接觸，即經不起陣仗，見敵望風而逃，所以叫做「北」。

有了上述六種情形中的任何一種，軍旅都非打敗仗不可，防止這些情況的發生，是每

一個將帥的責任，因為這都是人為的過失，與其他因素無關，所以孫子說：「凡此六者，非天地之災，將之過也。」是促使將帥反省，避免蹈失敗之穽。再進一步看，這六敗之中，除「走」、「北」兩項是將帥判斷錯誤外，其餘「弛」、「陷」、「崩」、「亂」四項，都是平素訓練不夠，號令不嚴所致，因此孫子再度強調士卒訓練的重要性，他說：「厚而不能使，愛而不能令，亂而不能治，譬若驕子，不可用也。」將帥愛護士卒是應當的，但將帥之愛，應該內含「嚴」（〈始計〉中為將五德之一）的「威愛」，而不是「溺愛」，一旦過分縱容士卒，將帥的威嚴盡失，士卒驕橫不馴，不能使、不能令，又不能治，遲早會走上「弛」、「陷」、「崩」、「亂」的命運。

第十一章　勝敵之地、主客之道——〈九地〉

一、原文

孫子曰：用兵之法，有散地①，有輕地②，有爭地③，有交地④，有衢地⑤，有重地⑥，有圮地⑦，有圍地⑧，有死地⑨。諸侯自戰其地者，為散地。入人之地而不深者，為輕地。我得則利，彼得亦利者，為爭地。我可以往，彼可以來者，為交地。諸侯之地三屬⑩，先至而得天下之眾者，為衢地。入人之地深，背城邑多者⑪，為重地。山林、險阻、沮澤，凡難行之道者，為圮地。所由入者隘，所從歸者迂，彼寡可以擊吾之眾者，為圍地。疾戰則存，不疾戰則亡者，為死地。是故散地則無戰，輕地則無止，爭地則無攻⑫，交地則無絕⑬，衢地則合交⑭，重地則掠⑮，圮地則行，圍地則謀，死地則戰。

古之所謂善用兵者，能使敵人前後不相及，眾寡不相恃⑯，貴賤不相救⑰，上下不相收⑱，卒離而不集，兵合而不齊⑲。合於利而動，不合於利而止。敢問：「敵眾整而將來，待之若何？」曰：「先奪其所愛⑳，則聽矣；兵之情主速，乘人之不及，由不虞之道㉑，攻其所不戒也。」

凡為客之道㉒，深入則專㉓，主人不克㉔，掠於饒野，三軍足食，謹養而無勞，併氣積力㉕，運兵計謀，為不可測，投之無所往㉖，死且不北㉗，死焉不得㉘，士人盡力。兵士甚陷則不懼㉙，無所往則固㉚，深入則拘㉛，不得已則鬥㉜。是故，其兵不修而戒㉝，不求而得㉞，不約而親㉟，不令而信㊱，禁祥去疑㊲，至死無所之。吾士無餘財，非惡貨也；無餘命，非惡壽也㊳。令發之日，士卒坐者涕霑襟，偃臥者涕交頤，投之無所往，則諸、劌之勇㊴也。故善用兵者，譬如率（ㄕㄨㄛˋ shuò）然㊵；率然者，常山之蛇也，擊其首，則尾至，擊其尾，則首至，擊其中，則首尾俱至。敢問：「兵可使如率然乎？」曰：「可。」夫吳人與越人相惡也，當其同舟濟而遇風，其相救也如左右手。是故，方馬埋輪㊶，未足恃也，齊勇若一，政之道也；剛柔皆得，地之理也㊷。故善用兵者，攜手若使一人，不得已也。

將軍之事，靜以幽㊸，正以治㊹，能愚士卒之耳目，使之無知。易其事，革其謀，使人無識㊺；易其居，迂其途，使人不得慮。帥與之期㊻，如登高而去其梯㊼；帥與之深，入諸侯之地而發其機。若驅群羊，驅而往，驅而來，莫知所之。聚三軍之眾，投之於險，此將軍之事也。九地之變，屈伸之利，人情之理，不可不察也。

凡為客之道，深則專，淺則散；去國越境而師者，絕地也；四達者，衢地也；入深者，重地也；入淺者，輕地也；背固前隘㊽者，圍地也；無所往者，死地也。是故散地吾將一其志，輕地吾將使之屬㊾，爭地吾將趨其後㊿，交地吾將謹其守，衢地吾將固其結51，重地吾將繼其食，圮地吾將進其途52，圍地吾將塞其闕53，死地吾將示之以不活。故兵之情，圍則禦，不得已則鬥，逼則從54。

是故不知諸侯之謀者，不能預交；不知山林、險阻、沮澤之形者，不能行軍；不用鄉導者，不能得地利；此三者不知一，非霸王55之兵也。夫霸王之兵，伐大國，則其眾不得聚，威加於敵，則其交不得合。是故不爭天下之交56，不養天下之權57，信己之私，威加於敵58，故其城可拔，其國可隳59。施無法之賞60，懸無政之令61，犯62三軍之眾，若使一人。犯之以事63，勿告以言64；犯之以利，勿告以害65；投之亡地然後存，陷之死地然

後生。夫眾陷於害，然後能為勝敗，故為兵之事，在於順詳敵之意，併力一向⑯，千里殺將，是謂巧能成事。

是故政舉之日⑰，夷關折符⑱，無通其使，厲於廟廊之上⑲，以誅其事⑳，敵人開闔㉑，必亟入之。先其所愛，微與之期㉒，踐墨隨敵㉓，以決戰事㉔。是故始如處女，敵人開戶㉕；後如脫兔，敵不及拒。

二、註釋

① 散地：諸侯在自己的領土內作戰，稱「散地」。

② 輕地：軍旅進入敵境不深的地區作戰，危急時可以輕易返歸本國，稱「輕地」。

③ 爭地：誰先占據誰就占有利的條件，所以是一定要爭奪的地區，稱「爭地」。

④ 交地：交通便利，敵我均能來往之地區，稱「交地」。

⑤ 衢地：謂一地與數國毗連，係人人必經之通衢要道，稱「衢地」。

⑥ 重地：指入敵境已深，軍旅之負擔也愈來愈沉重，稱「重地」。王晳註：「兵至此，事勢重也。」

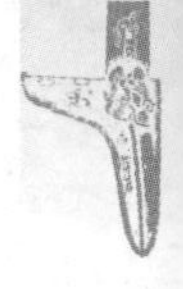

⑦圮地：圮，毀壞之意，即足以毀滅軍旅之地區，稱「圮地」。

⑧圍地：梅堯臣註：「山川圍繞，入則隘，歸則迂也。」即有天然險阻，進去時跋山涉水，出來時非繞個大圈子不可，這種地區叫「圍地」。

⑨死地：梅堯臣註：「前不得進，後不得退，旁不得走，不得不速戰也。」即不拚力作戰，就是死路一條的地區，稱「死地」。

⑩諸侯之地三屬：屬，連接的意思，「三」是虛數，好幾個的意思。是說這個地區和好幾諸侯的領土接壤。

⑪背城邑多者：背後阻隔著重重城邑，不易歸返之意。

⑫爭地無攻：無攻，是不要強攻，爭地既為必奪之地，敵人亦必堅守，不宜正面強攻。

⑬交地無絕：交地既為交通便利之地區，敵我皆能來往，故處處有被敵襲擊之慮，宜時時保持各軍之連絡，不要被敵人斷絕。

⑭衢地合交：衢地既與各國接壤，應與各國聯合、交好，以為屏障。

⑮重地則掠：深入敵境，補給困難，只有就地奪取敵人之糧食資源。

⑯眾寡不相恃：使敵人之大部隊與小部隊之間不能依靠連繫。

⑰貴賤不相救：使敵軍上下不能救援，各自為戰。

⑱上不相收：使敵人上級與下級之連絡中斷，欲收兵轉進而不可。劉寅註：「使貴賤不得相救援，上與下不得相收斂。」
⑲兵合而不齊：敵人集中兵力的行動尚未完了，我即發動攻擊，使之不能齊一。
⑳先奪其所愛：先攻擊敵人必須援救保護之目標。
㉑由不虞之道：虞，預料，要走敵人未曾預料之路。
㉒為客之道：在敵境內作戰，我軍是客，敵軍則為主，「為客之道」即客軍作戰之原則。
㉓深入則專：愈深入敵境，則士卒之鬥志愈專一。
㉔主人不克：地主國則愈難克制我軍。
㉕併氣積力：提高士氣，增強體力。
㉖投之無所往：指揮部隊向無路可退的境地。
㉗死且不北：士卒寧戰死不退走。
㉘死焉不得：士卒連死都不怕了，那麼還會不得勝嗎？杜牧註：「言志必死，安有不得勝之理。」
㉙甚陷則不懼：已陷於極險惡之環境就不會恐懼。
㉚無所往則固：既已無路可走，則軍心漸漸穩固。
㉛深入則拘：深入敵人之地，精神上受拘束，則專一而不渙散。

㉜不得已則鬥：到無法可想時，只有拚死搏鬥。

㉝不修而戒：不須督促就知道警惕戒慎。

㉞不求而得：不必要求就知道盡忠職守。

㉟不約而親：不須約束就知道親愛團結。

㊱不令而信：不須三令五申就能信守服從。

㊲禁祥去疑：禁止迷信，掃除謠言。

㊳無餘命，非惡壽也：士卒不怕死，並不是不想活下去。

㊴諸、劌之勇：諸，指專諸，吳之勇士，刺吳王僚，使闔閭得以登基。劌，指曹劌，又名曹沫，魯之勇士，魯、齊會盟時，曹劌持匕首迫齊君歸還失地。

㊵率然：古代傳說中的一種蛇。率，速也；《神異經》：「西方山中有蛇，頭尾差大，有色五彩，人物觸之者，中頭則尾至，中尾則頭至，中腰則頭尾並至，名曰率然，會稽常山最多此蛇。」

㊶方馬埋輪：曹操註：「方，縛也。」把馬匹束縛在一起，把車輪埋起來，強使行動一致。

㊷剛柔皆得，地之理也：張預：「得地利，則柔弱之卒亦可以克敵，況剛強之兵乎？」即善用地利，強者與弱者能各盡其力。

㊸靜以幽：寧靜沉著，深思遠慮。幽，深也。

㊹正以治：公正無私，嚴整不亂。治，不亂也。

㊺易其事，革其謀，使人無識：改變已決定的事，更動已決定之計劃，使人無法測知動向。

㊻帥與之期：主帥統兵至預期之地。

㊼如登高而去其梯：突然下令作戰，如命人登高處而撤走樓梯，使之抱必死之決心。

㊽背固前隘：背後山嶺高峻，前面道路狹隘。

㊾使之屬：使自己部隊緊密連繫。

㊿趨其後：迂迴至敵人後背。

51固其結：結交友邦，使之穩固。

52進其途：迅速通過之意。

53塞其闕：堵其闕口，使士卒不得不死戰。

54逼則從：士卒在為形勢所迫時，即能服從命令而行動。

55霸王：諸侯之長，即霸王。

56不爭天下之交：不爭取友邦盟國。

57不養天下之權：不培養深通權謀之士。

58信己之私，威加於敵：只憑一己私慾，想以兵威制服敵國。

⑲隳：通「毀」，毀滅之意。
⑳無法之賞：超出慣例之獎賞，即法外之賞。
㉑無政之令：超出常規之號令，即政外之令。
㉒犯：曹操註：「犯，用也。」即指揮。
㉓犯之以事：用之以事，即差遣辦事。
㉔勿告以言：不必告知目的和用意，以求保密。
㉕犯之以利，勿告以害：差遣士卒時，只告訴他有利之一面，不要告訴他害處。
㉖併力一向：集中全力指向敵人的某一點。
㉗政舉之日：決定軍事行動開始時，即戰爭前夕。
㉘夷關折符：閉塞關口，毀壞信符，禁止出入。
㉙厲於廊廟之上：厲，同「勵」；廟廊，即廟堂。在廟堂上反復計議作戰大計。
㉚以誅其事：曹操註：「誅，治也。」即研究計劃。
㉛敵人開闔：開闔，是說門一開一閉。敵人進退未定，如門之一開一閉，必有空隙可乘。
㉜微與之期：微，隱匿之意，即不使敵人知我進兵之日期。
㉝踐墨隨敵：踐，實行；墨，繩墨、法度；隨敵，即因敵之變化而變化。意為：因應敵情之變

化，修訂作戰計劃。

⑭以決戰事：求得決定性之勝利，中止戰爭。

⑮開戶：放鬆戒備。

三、語譯

孫子說：根據用兵原則，有「散地」、「輕地」、「爭地」、「交地」、「衢地」、「重地」、「圮地」、「圍地」、「死地」等九類。諸侯在自己領土內作戰，這樣的地區叫「散地」。進入敵境不深的地區，叫「輕地」。我先占領對我有利，敵先占領對敵有利的地區，叫「爭地」。我軍可以去，敵軍亦可以來，叫「交地」。與兩三個諸侯接壤的地區，先占領就可以與四方接觸的，叫「衢地」。深入敵境，背後阻隔著許多城邑，叫「重地」。山林、險阻、沼澤等道路難行的地區，叫「圮地」。進入的道路狹隘，出來的道路迂遠，敵人以少數兵力可以制服我多數兵力的地區，叫「圍地」。奮力作戰就能生存，不奮力作戰就被消滅的地區，叫「死地」。因此，「散地」不宜決戰，「輕地」不可停止，敵人占領「爭

地」則不宜強攻，在「交地」則不要被敵人切斷連繫，在「衢地」則應交結鄰邦，在「重地」則應就地補給，在「圮地」則應迅速離去，在「圍地」則應用計謀脫困，在「死地」則應奮力死戰。

自古以來，所謂善於用兵作戰者，能使敵人前後無法顧及，大部隊和小部隊之間無法連繫，各自為戰，不能相救援，也無法收兵轉移，士卒潰散不集中，主力未能齊一，即行攻擊。總之，有利才行動，無利則不妄動。試問：「敵人如人數眾多，且行伍整齊向我進攻，該怎麼辦？」回答說：「先攻擊敵人必須援救保護之目標，則能使敵人受制於我。用兵之道，首在迅速，乘敵人措手不及，走敵人料想不到的道路，攻擊敵人不防備的地方。」

凡進入敵境作戰，愈往前深入，士卒鬥志愈專一，敵軍無法勝我。在富饒地區奪取糧秣，使軍旅吃得飽，注意休養，提高士氣，增強體力，仔細布署，使敵人不能臆測，把士卒放置於無路可退的境地，士卒寧死也不後退，盡力作戰，哪有不得勝的。士卒陷於險地就無所畏懼，無路可走軍心就漸穩固，深入敵人國土就不易渙散，無法可想時，只有拚力死戰。所以，這樣的軍隊不須督促就知警惕，不須要求就知盡責，不須約束就知親愛，不須申令就知服從；再禁止迷信、掃除謠言，即使戰死也不會退避。我軍士卒不積蓄財貨，

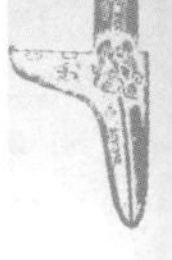

並不是厭惡財貨；不怕死，並不是不想活下去，而是公而忘私。當作戰的命令下達時，坐著的涕淚濕了衣襟，躺著的涕淚滿頰，一片悲憤，指揮他們向沒有退路的地方前進，就會像專諸、曹沫一樣勇敢了。所以善於用兵者，就像「率然」一樣，「率然」是常山的蛇，打牠頭部，尾巴就來救應，打牠尾部，頭部就來救應，打牠中間，頭尾一同來救。試問：「用兵可以像這種蛇一樣嗎？」回答是：「可以。」例如吳人和越人交惡，但同乘一船而遭風浪時，也能如左右手一樣互相救援。所以，把馬匹縛在一起，把車輪埋起來，強使行動一致，是靠不住的。要使士卒勇敢齊一，有賴指揮得法，使強者與弱者各盡其力，有賴善用地利。善於用兵者，指揮大軍如差遣一個人那樣容易，這就是把士卒放在不得已的境地而造成的。

統率軍隊這種事，要寧靜沉著，深思遠慮，要公正無私，嚴整不亂，要約束士卒的視聽，使他對計劃無所知。改變已決定的事，更動已決定之計劃，使人無法測知動向，改變駐地，更動行軍路線，使人意想不到。突然下令作戰，如令人登高處而撤走樓梯，使之抱必死之決心。主帥帶領士卒深入，到諸侯之要地，才像發動弓弩之機括一般，飛射而出。又像趕羊群一般，趕過來、趕過去，使士卒都不知道要到哪裡去？集結大軍，投入危險之戰場，是將帥的責任。因此，各種地形變化，進退伸縮的利與不利，士卒的情緒與心理，

都是不能不仔細省察的。

大凡出國境作戰的原則，深入敵境則士卒專一，距自己國家近，則易逃散。出國遠征，戰場與本國隔絕，叫「絕地」；四通八達，叫「衢地」；深入敵境，叫「重地」；初入敵境，叫「輕地」；後有峻嶺，前有狹隘，叫「圍地」；無處可逃，叫「死地」。所以，在「散地」，要統一士卒意志；在「輕地」，要使部隊相連屬；在「爭地」，要迅速迂迴其側背；在「交地」，要謹慎防守；在「衢地」，要結交鄰國，使之穩固；在「重地」，要注重補給；在「圮地」，要迅速通過；在「圍地」，要堵塞缺口；在「死地」，要表示必死之決心。就士卒之心理而言，被包圍就協力抵禦，不得已時候就力鬥，形勢所迫時，就能服從命令而行動。

不了解諸侯政策的；不能預先結交，不熟悉山林、險阻、沼澤等地形，就不能行軍；不使用嚮導，不能得便利，這三項缺一，就不能算是霸主的軍旅。霸主的軍旅攻伐大國，可使其軍來不及聚合，威力施於敵國，別的諸侯不與之結交。所以，不爭取友邦盟國，不培養深通權謀之士，只憑一己之私，只憑兵威制敵，本身將有城破國毀之可能。施行法外之賞，頒布政外之令，指揮全軍如差遣一個人一樣。使士卒行事，不必告知用意。差遣士卒，只須告知有利的一面，不必告知有害的一面。使士卒入危險之地，才能保全，入死地才能求生，這是在全軍至為危急時，才能轉敗為勝。所以指揮作戰要詳察敵人之意向，一旦有機會，就集中全力指向敵人的某一點。即使長驅千里之遙，也可以擒殺敵將，這就是所謂以巧妙的手段成就大事。

因此在軍事行動開始之時，就要封鎖關口，毀壞信符，禁止通行，停止使者往來，在廟堂上反復計議，研究計劃。如敵人有隙可乘，必要迅速攻入，先奪取其最重視的地點。不要使敵人知道我進兵之日期，要隨敵情變化，修正我的作戰計劃，以求得決定性的勝利。所以，在開始的時候像處女一樣沉靜，等敵人放鬆戒備，然後像脫兔一樣迅速，使敵人抗拒不及，取得勝利。

四、概說

（一）勝敵之地

〈九地〉是《孫子兵法》第十一篇，也是十三篇中最長的一篇，計一千餘字，約占全

文的六分之一；這一篇可以說是〈九變〉、〈行軍〉、〈地形〉以下，對於戰場作戰的地形利用，作一總結。不過本篇側重於戰略、戰術的考慮，與前三篇不同，此即在作戰之前，先就作戰目標及決戰地區的地理形勢予以分析，並強調造成敵人分離，實施機動與奇襲，以及運用戰場心理，激發士氣，以贏取勝利。

孫子舉出九種戰略地形：「散地」、「輕地」、「爭地」、「交地」、「衢地」、「重地」、「圮地」、「圍地」、「死地」。係就國境內到國境外之作戰地形，分別說明。所謂「散地」，是與敵交戰於本國境內，所謂「散」是指士卒身處國境之內，思鄉顧家，易於逃散，歷來各家注解，均從此說；不過就孫子與吳王闔閭之兵法答問中來看，當另含有分散敵人力量，逐步耗其戰力的意思。因此，孫子說：「散地則無戰。」並非不抵抗之意，而是認為不宜決戰之意。至於「輕地」，是去國境不遠的地區，士卒畏戰思鄉的心理仍然存在，因此孫子說：「輕地則無止。」以免銳氣消失；不過就另一方面來看，如果我沒有深入敵境的打算，戰況不利時，亦可輕易退回國境，固守自保，所以在「散地」和「輕地」作戰時，應把握「合於利而動，不合於利而止」的原則。

至於「爭地」、「交地」、「衢地」三者，都是屬於戰略目標，「爭地」是兵家必爭之地，有左右戰局的裨益；「交地」是交通孔道，「衢地」是樞紐地區，由於「交地」是

敵我均可往來，因此不能讓敵人切斷交通，「衢地」四通八達，與數個鄰國接壤，不能單持武力奪取，必佐以外交手段，這就是：「交地則無絕，衢地則合交。」但是對於「爭地」，孫子卻說：「爭地則無攻。」即是必爭之地，為什麼「無攻」呢？「無攻」與「無戰」一樣，都是避免正面進攻的意思，「爭地」能左右戰局，敵人先占，自須拚力死守，強攻可能無濟於事，唯有迂迴側擊方能收效。例如明末滿清起於遼東，「山海關」扼滿清南下之咽喉，正是「爭地」，但是清太宗六犯明疆，沒有一次是對「山海關」做正面攻擊，或繞道內蒙，或繞道冀南、魯東一帶，可說是深明「爭地無攻」之理。

至於「重地」、「圮地」、「圍地」、「死地」都是深入敵境後，所遭遇之情形。「重地」最大的困難是糧秣不足，後勤補給無以為繼，因此必須「因糧於敵」，以戰養戰。「圮地」最大的困難是地形的障礙，山林、險阻、沼澤等，足以損耗戰鬥能力的發揮；「圍地」則是除地形障礙外，還有敵人憑險設伏，處處牽制，因此將帥必須用最大之智慧，設法突圍，這就是「圮地則行，圍地則謀」。「死地」則是前有強敵，後無退路，力戰則存，不戰則亡，所以非力拚不可，這就是「死地則戰」。

〈九地〉之中，孫子最重視「死地」，他除說「死地則戰」之外，還一再強調「兵之情，圍則禦，不得已則鬥，逼則從」、「投之亡地然後存，陷之死地然後生」以及「死地，吾將示之以不活」，這是針對戰場上士卒的心理而發的，「兵士甚陷則不懼，無所往則固，深入則拘，不得已則鬥」，在極端困難危險之中，自然能發揮勇氣，死中求生。不過置之「死地」而後生，並不是用兵常道，《孫子兵法》中，處處講「先勝」、「致人」，「死地則戰」實在是不得已的辦法，是「致於人」之後的變道，不能以常法視之。

（二）主客之道

所謂「主」，是交戰於國境之內；所謂「客」，是用兵於國境之外。不過就另一角度來看，「主」也可以視為「內線作戰」，「客」則可以視為「外線作戰」；「內線作戰」是在中央位置，面對兩個或兩個以上方向之敵來作戰；「外線作戰」則是從兩個或兩個以上的方向，向居中央位置之敵發動攻擊。為「主」時宜採內線作戰，為「客」時宜採外線作戰，但不論內外線作戰，地形之適宜與否，為必要考慮因素。

內線作戰之要訣是在敵人分進而尚未達到合擊之目的時，各個擊破，這就是孫子所說的：「能使敵人前後不相及，眾寡不相恃，貴賤不相救，上下不相收，卒離而不集，兵合而不齊。」在敵人部隊分離，主力與其他各部不能連繫，兵力分散，集結行動尚未完成

時，「乘人之不及，由不虞之道，攻其所不戒也」，即以先制及奇襲的手段，完成各個擊破之目的。

外線作戰之要訣是分進合擊，即分由不同方向，向目標集中，在同一時間內集中優勢力量，在某一決戰點上，孫子在〈虛實〉、〈軍事〉兩篇上已經說了很多，這裡是專就深入敵境之情形而言。軍旅進入重地之後，必因糧於敵，在資源富饒之區，徵發糧秣，以充軍實，而且軍旅行止宜顧體養，積蓄戰力，掌握戰機。此即：「掠於饒野，三軍足食，謹養而無勞，併氣積力，運兵計謀，為不可測。」客地作戰，最重士氣和紀律，孫子雖然一再強調因糧於敵，但這是就軍旅必要的補給而言，絕非鼓勵士卒搶掠，所以孫子說：「吾士無餘財，非惡貨也；無餘命，非惡壽也。令發之日，士卒坐者涕霑襟，偃臥者涕交頤，投之無所往，則諸、劌之勇也。」這樣的軍旅，無論士氣和紀律都是銳不可當的，用之以戰，自無往不利。

客地作戰除士氣紀律外，尤重保密，不但對敵人絕對保密，即使對自己士卒亦不能宣泄，尤其對於軍旅之行進方向，決戰地點，更不可使士卒預知，以免影響士卒心理，造成恐懼，這也是將帥領導統御的原則。孫子說：「將軍之事，靜以幽，正以治，能愚士卒之耳目，使之無知。易其事，革其謀，使人無識；易其居，迂其途，使人之得慮。」所謂「愚士卒耳目」，並非蒙蔽欺騙，而是深入敵境，危機四伏，軍旅之一動一靜，均可能在敵人監視之下，要盡可能使人「無知」、「無識」，無從由士卒言行舉動中臆測其企圖。要做到這點，將帥必先「靜以幽，正以治」，士卒才能無條件追隨，赴深谿俱死而不疑，「若驅群羊，驅而往，驅而來，莫知所之」，用兵如此，自然「三軍之眾，若使一人」了。

第十二章　以火佐攻——〈火攻〉

一、原文

孫子曰：凡火攻有五：一曰火人①，二曰火積②，三曰火輜③，四曰火庫④，五曰火隊⑤。行火必有因⑥，煙火必素具⑦。發火有時⑧，起火有日⑨。時者，天之燥也。日者，月在箕壁翼軫也⑩，凡此四宿者，風起之日也。

凡火攻，必因五火之變而應之⑪，火發於內，則早應之於外。火發而兵靜者，待而勿攻。極其火力⑫，可從而從之，不可從而止。火可發於外，無待於內，以時發之⑬。火發

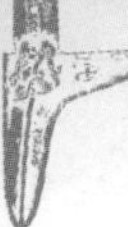

上風，無攻下風⑭，晝風久，夜風止⑮。凡軍必知五火之變，以數守之⑯。故以火佐攻者明⑰，以水佐攻者強⑱，水可以絕，不可以奪⑲。

夫戰勝攻取，而不修其功者凶⑳，命曰費留㉑。故曰：明主慮之，良將修之，非利不動，非得不用，非危不戰。主不可怒而興師，將不可慍而致戰㉒；合於利而動，不合於利而止。怒可以復喜，慍可以復悅，亡國不可以復存，死者不可以復生。故明君慎之，良將警之㉓，此安國全軍之道也。

二、註釋

①火人：放火燒殺敵軍士卒。
②火積：放火焚燒敵軍堆積之糧秣。
③火輜：放火焚燒敵軍之輜重運輸。
④火庫：放火焚燒敵軍之倉庫儲藏。
⑤火隊：放火燒殺敵軍大隊人馬。

⑥行火必有因：施行火攻必具備一定的條件。如天候、季節、地形及敵軍營舍情形等。

⑦煙火必素具：素具，是平時預為準備；煙火，即引火工具。引火須賴工具，如火箭、乾材、火藥、油脂等，在平時應預為準備，以便使用。

⑧發火有時：發動火攻須乘有利時機，如久旱不雨，百物乾燥，即是火攻良機。

⑨起火有日：引燒火勢須選擇有利的日子，即起風之日。

⑩月在箕壁翼軫：箕、壁、翼、軫，是二十八宿中四個星宿，二十八宿是：

東南——角、亢、氐、房、心、尾、箕。

東北——斗、牛、女、虛、危、室、壁。

西北——奎、婁、胃、昂、畢、觜、參。

西南——井、鬼、柳、星、張、翼、軫。

二十八宿合為一周，月環繞而行，依次止於一星，因稱為宿，宿就是止的意思；當月止於箕、壁、翼、軫的位置時，為風起之日。

⑪必因五火之變而應之：必須根據上述五種火攻所引起的情況變化，適時運用兵力策應。

⑫極其火力：張預注：「盡其火勢。」即待火勢燃燒到熾盛的時候。

⑬以時發之：引發火勢須待時機成熟。

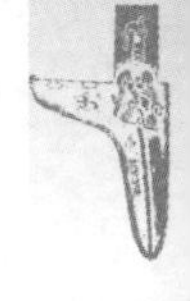

⑭火發上風，無攻下風：火勢自上風引發後，不可逆風進攻。因為屈居下風，煙火彌漫，既不辨敵我，反自遭煙火所患。

⑮晝風久，夜風止：白晝起風，時間較久，夜晚起風多止於清晨，故老子曰：「飄風不終朝。」按：晝夜之空氣流動不同，更因地形、季節而異，不可一概而論。

⑯以數守之：張預注：「不可止知以火攻人，亦當防人攻己，推四星之度數，知風起之日，則嚴備守之。」即注意箕、壁、翼、軫四星宿之變化，嚴防敵人火攻。

⑰明：指效果顯著。

⑱強：聲勢強大。

⑲水可以絕，不可以奪：絕，是隔絕、阻絕。用水攻敵易造成泛濫區，形成敵我之間的隔離，而不易達到奪取或殲滅敵人的目的。

⑳不修其功者凶：就上下句來看，功，指勝利成果而言，即不能鞏固勝利成果是很危險的。另一種說法是「不修舉有功」，即不能論功行賞是很危險的。

㉑命曰費留：命曰，即名之曰；費留，即長期耗費之意。

㉒慍：怨恨、忿怒。

㉓警：戒惕。

三、語譯

孫子說：大凡用火攻擊敵人，有五種方式：一是放火燒殺敵軍士卒，二是放火焚燒敵軍堆積之糧秣，三是放火焚燒敵軍之輜重運輸，四是放火焚燒敵軍之倉庫儲藏，五是放火燒殺敵軍大隊人馬。施行火攻必須具備一定的條件，同時引火之工具也要經常準備著。發動火攻要乘有利時機，引燃火勢也須選擇有利的日子。所謂時機是指天氣乾燥，久旱不雨；所謂有利的日子，是指月亮運行到「箕」、「壁」、「翼」、「軫」四個星宿的時候，凡是月的位置在這四宿，就是起風的日子。

凡是火攻，必須根據上述五種火攻所引起的情況變化，適時運用兵力策應。從敵人內部縱火，就要及早派兵在外面策應。如火勢已經燃起，而敵軍仍能保持鎮靜，要觀察等待，不要馬上進攻，等火勢燃燒到最熾烈的時候，可以進攻就進攻，不可以進攻，就應停止行動。此外，能在敵軍外面縱火，就不必期待內應縱火，只要時機成熟就可以了。火勢自上風引發後，切不可逆風進攻。白晝起風，時間較久，夜晚起風，到早晨就會停止。凡軍旅皆應該知道這五種火攻的變化運用，才能注意氣候變化，嚴防敵人火攻。所以，用火來幫助進攻，效果顯著。用水來幫助進攻，聲勢雖強大，但是水能阻絕敵人，卻不是達到奪取或殲滅敵人的目的。

凡戰必勝、攻必取，而不能鞏固勝利成果，是很危險的，這就叫做「費留」，所以說：明智的國君一定慎重慮及，傑出將帥也一定認真處置，不是對國家有利，就不行動；不能取得勝利，就不用兵；不是非常危險，就不作戰。國君切不可一時憤怒而動員作戰，將帥也不可一時怨忿而與敵交戰，要符合國家的利益才行動，不符合利益即停止。憤怒可以轉為喜悅，怨忿可以轉為高興，但是國家亡了，就無法恢復舊觀；人死了，更不能再復活。所以明智的君主一定要慎重用兵，傑出的將軍一定要戒惕用兵，這是安定國家，保全軍旅的根本所在。

四、概說

（一）五火之變

〈火攻〉是《孫子兵法》第十二篇，主要是說明以火佐攻之法，這是戰場戰鬥中不可缺少的手段，尤其古代作戰的防禦工事多以木、竹、籐、革為主，最易縱火引燃，一旦烈火熊熊，不僅有強大的毀滅力量，而且聲勢驚人，容易引起混亂，乘機取勝。孫子在本篇中，就火攻的對象區分為：「火人」、「火積」、「火輜」、「火庫」、「火隊」五種。其中「火人」與「火隊」以燒殺敵方人馬為著眼；「火積」、「火輜」、「火庫」則以焚毀敵人之糧秣補給為著眼，焚毀敵人糧秣是作戰時經常採取的手段，自古以來幾乎無戰無之；至於燒殺敵方大隊人馬，則必須有一定的條件相配合，如火燒赤壁（吳、蜀對曹操），火燒連營（吳陸遜對蜀劉備），失敗的一方都同樣忽略了陣地的防火安全，同時季節風向也有助於引發火勢，才能一舉成功。

孫子說：「發火有時，起火有日。」「時」指季節而言，久旱不雨，百物乾燥，自然易於引發大火；「日」指起風之日而言，古人以「月在箕壁翼軫」為多風之日。「箕」、「壁」、「翼」、「軫」是二十八宿中四個星宿，月環繞二十八宿而行，其位置在這四宿時多風，此為古代觀察天文的經驗，自不能以迷信視之，不過就今日之氣象科學而言，能掌握起風之「時」（季節風），未必全能測定起風之「日」，因為氣流之變化因季節、地形、雲層、雨量之變化隨時改變，「月外箕壁翼軫」不過是概括性的天文知識而已。張預注解這一段話時曾提道：「取雞羽重八兩，掛於五丈竿上，以候風所從來。」到不失為一種較科學的方式，至少對測定風向、風速，有相當的幫助。

孫子對於「火」的運用，有五項原則：一、火發於內，則早應之於外；二、火發而兵靜者，待而勿攻；三、極其火力，可從而從之，不可從而止；四、火可發於外，無待於內，以時發之；五、火發上風，無攻下風。可見用「火」作戰的要領是引起敵人的混亂，「火發於內，早應於外」是牽制敵人救火，使其內外無法兼顧；但是敵人不為所動，切不可輕易躁進，因為這顯示敵人已有準備，所以「可從而從之，不可從而止」，火勢能自敵人陣地外引發，不必派人潛入，以免打草驚蛇，而且能掌握主動，選擇有利時機；火勢點燃之後，切不能逆風進擊，因為大火帶來的濃煙，順風吹來，居下風則先受其害，不可不

防。

孫子在本篇中除說明用「火」之外，也提到「水攻」，他說：「故以火佐攻者明，以水佐攻者強，水可以絕，不可以奪。」水火的性質不同，「水攻」的範圍大，泛濫的面積廣，而且在地形條件限制上也較多，即水流之方向須與我攻擊之方向一致，始克奏效，一旦洪流滔滔，敵人固遭淹沒，我軍也不易渡越。「火攻」的範圍則較小，只要條件合宜，引發快速，且不影響戰鬥行動，比起「水攻」方便多了，所以孫子說：「水可以絕，不可以奪。」實對水火之性質有深刻了解。

有關火攻的各種器械，可參考上編：〈古代火攻的器械〉一文。

（二）火攻七戒

孫子的五火之變，是專就以火佐攻的方法而言的，至於用火有些什麼戒忌，有那些應注意的事項，孫子並未詳細說明，《洴澼百金方》（惠麓酒民著，生卒年代不詳）中載有火攻七戒，倒是可為將帥用火之戒惕。

火攻七戒為：

遇先帝王陵寢，聖賢祠宇，都邑閭巷輻輳之處，用火攻之，不但失崇道之體，而人民之心頓沒矣。——當戒一也。

賊擄吾民，必思奇策拔脫民命，玉石雜處，不可遽用火攻。不然，是謂之用我火而焚我民也。——當戒二也。

內有驍智之將，失身而從賊，歸正無機，正當憐才，誘令降順，不可摧殘善類。——當戒三也。

萌甲方長，鱗蟲始蟄赤地，焚燒傷生甚夥，喪德莫甚。——當戒四也。

風候未定，地勢未審，反風縱火，禍莫大焉，必須先據地險，次候風色，察而行攻，毋得妄發。——當戒五也。

藥品配合，務貴精粹，彼不得多，此不得少；應多則多，應少則少，以意增減，臨時誤事。——當戒六也。

火攻之用，全在相敵遠近，早則焚之空虛，遲則禦之無及。——當戒七也。

就這七戒來看，都是合於情理的處置，所謂水火無情，用火必應謹慎。三國時諸葛亮西征南蠻，火燒滕甲軍，幾滅其族，所以諸葛亮垂淚言道：「吾雖有功於社稷，必損壽矣！」戰爭固為暴力之行為，但是在某些範圍之內，應盡可能求其適度，如二次大戰時，在歐洲戰場上，德國與盟軍之間，對許多有歷史價值的古蹟、古物，避免用砲火炸射，這些古蹟古物因此而賴以保全。所以為將帥者雖須用一切手段爭取勝利，但此一切手段之中，仍有若干屬於道德方面的戒忌，如全無顧忌，以殺伐為事，那就不是仁義之師了，因此，將帥不能不尊重戰爭道德，火攻七戒或正是戰爭道德之展現。

第十三章　知敵之情——〈用間〉

一、原文

孫子曰：凡興師十萬，出征千里，百姓之費，公家之奉①，日費千金，內外騷動，怠②於道路，不得操事③者，七十萬家。相守④數年，以爭一日之勝，而愛爵祿百金⑤，不知敵之情者，不仁之至也，非人之將也⑥，非主之佐也⑦，非勝之主也⑧。明君賢將，所以動而勝人⑨，成功出於眾者，先知也⑩；先知者，不可取於鬼神⑪，不可象於事⑫，不可驗於度⑬；必取於人⑭，知敵之情者也。

故用間有五：有鄉間⑮、有內間⑯、有反間⑰、有死間⑱、有生間⑲。五間俱起⑳，莫知其道，是謂神紀㉑，人君之寶也。鄉間者，因其鄉人而用之。內間者，因其官人而用之。反間者，因其敵間而用之。死間者，為誑事於外㉒，令吾間知之，而傳於敵。生間者，反報也㉓。

故三軍之事，親莫親於間，賞莫厚於間，事莫密於間，非聖智不能用間，非仁義不能使間㉔，非微妙不能得間之實㉕。微哉！微哉！無所不用間也！間事未發而先聞者，間與所告者皆死。

凡軍之所欲擊，城之所欲攻，人之所欲殺；必先知其守將，左右㉖，謁者㉗，門者㉘，舍人㉙之姓名，令吾間必索知之。必索敵間之來間我者，因而利之㉚，導而舍之㉛，故反間可得而使也。因是而知之，故鄉間、內間可得而使也；因是而知之，故死間為誑事，可使告敵；因是而知之，故生間可使如期，五間之事，主必知之，知之必在於反間，故反間不可不厚也。

昔殷之興也，伊摯㉜在夏；周之興也，呂牙在殷㉝。故明君賢將，能以上智㉞為間者，必成大功，此兵之要，三軍之所恃而動也。

二、註釋

①奉：同「俸」，指費用而言。
②怠：疲憊、倦怠。
③操事：操作農事。
④相守：相持、對抗。
⑤愛爵祿百金：指吝嗇爵位、金錢，不肯重用間諜。
⑥非人之將也：梅堯臣注：「非將人成功者也。」即不是軍旅的好統帥。
⑦非主之佐也：不是國君的好助手。主，指國名。
⑧非勝之主也：張預注：「不可以將人，不可以佐主，不可以主勝。」即不能掌握勝利。
⑨動而勝人：動，舉動。一舉兵即能戰勝敵人。
⑩先知也：指事先了解敵人情況。
⑪取於鬼神：取決於祈禱、祭祀、占卜等迷信的辦法。

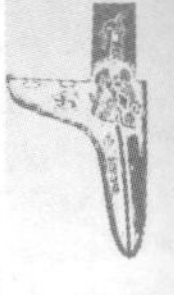

⑫象於事：杜牧注：「象者，類也；言不可以他事比類而求。」即以過去相似的事做類比。

⑬驗於度：驗，應驗；度，度數，指星宿的位置。即以日月星辰運行的位置做推測的依據。

⑭必取於人：李筌注：「因間人也。」即必定要取決於間諜之情報。

⑮鄉間：利用敵國鄉里土著做間諜。

⑯內間：利用敵國官吏做間諜。

⑰反間：即利用或收買敵人間諜，使之為我所用。

⑱死間：必死之間。故意以虛偽之情報告知我國間諜，使其進入敵國，被補後，不堪拷問，以偽情洩於敵國，使敵信以為真，做錯誤之判斷，這種間諜死亡之機會很大，所以叫「死間」。

⑲生間：派遣至敵方觀察敵間，回來報告真相者。與「死間」之必死有別，所以叫「生間」。

⑳五間俱起：五種間諜同時運用。

㉑神紀：紀，有法、理、道的意義，此處宜做「法」解，即神妙莫測之法。

㉒誑事於外：誑事，虛假之事。即故意向外散布虛假的情報。

㉓反報：反，同「返」，返回報告。

㉔非仁義不能使間：不是大仁大義之人，不能使間諜為之效命。另一說：非具有仁義之目標及感召，不能使間諜冒險效命，亦可通。

㉕非微妙不能得間之實：不是用心微細，手段巧妙之將帥，不能鑑別間諜情報之真偽。

㉖左右：主要輔佐，即今之幕僚人員。

㉗謁者：為招待謁見賓客者，即今之副官、祕書。

㉘門者：警衛、傳達等，掌門禁、安全者。

㉙舍人：杜牧注：「舍人，守舍之人也。」即服勤務之人，如園丁、廚役、侍者、馬夫等。

㉚因而利之：依情況以利引誘之。

㉛導而舍之：開導釋放。舍，捨的意思。

㉜伊摯：即伊尹，原為夏桀之臣，後奔商湯，為殷商賢相，湯王尊為「阿衡」。

㉝呂牙：即姜子牙，其先封呂，故稱呂牙，原為商紂之臣，後佐武王滅紂興周。

㉞上智：即智慧很高之人。

三、語譯

孫子說：凡動員十萬大軍，遠征千里之遙，人民的損耗，國家的花費，每天需要千金

鉅款，而且舉國騷動，人民奔走疲憊於道路上，忙著服役輸送，不能從事本身職業的，大概總要七十萬家。雙方對抗幾年，是為了爭取勝利的一刻，如果吝嗇爵祿和金錢，不肯重用間諜，以致不能了解敵人情況而遭失敗，那就太沒有仁心了。這種人，不是軍旅的好統帥，不是國君的好助手，更不能成為勝利的主宰。英明的君主，賢能的將帥，之所以一出兵就能戰勝敵人，成就超出於一般人之上，就是因為能先了解敵情。要事先了解敵情，不可取決於鬼神迷信，不可以用過去相似的事做類比，也不可以用日月星辰運行的位置做推測的依據，一定要取決於間諜的情報，才能真正了解敵情。

所以運用間諜有五種類型：「鄉間」、「內間」、「反間」、「死間」、「生間」，這五種間諜同時運用起來，使人無從知道究竟，只以為是神妙莫測之法術，實際上卻是國君的法寶。所謂「鄉間」，是利用敵國鄉里的土著做間諜；所謂「內間」，是利用敵國官吏做間諜；所謂「反間」，是利用或收買敵人間諜而為我所用；所謂「死間」，是故意外洩虛偽之情報，使間諜帶著假情報傳入敵國；所謂「生間」，是指派間諜刺探敵情後，回國報告。

所以軍中一切事務，沒有比間諜再親信了，也沒有比間諜賞賜更厚了，更沒有比間諜再機密了。不是才智過人的將帥，不能運用間諜；不是大仁大義的人，不能差遣間諜；

不是用心微細，手段巧妙，不能鑑別間諜情報之真偽。微妙啊！微妙啊！真是無處不可用間。不過用間的計謀尚未施行就泄露的話，間諜與洩密者，都會處死。

凡是要攻擊的軍旅，要占領的城池，要刺殺的敵將，必先要知道其主將的親信幕僚、祕書、警衛、服勤人員的姓名，務必使我們的間諜查清楚。同時一定要找出敵人派來刺探我的間諜，依情況以利誘之，開導後釋放，這樣就可以造成「反間」，藉「反間」之助，再培養「鄉間」、「內間」，再藉此可利用「死間」假造情報欺敵，再藉此而利用「生間」，如期回來報告。這五種間諜之運用，國君皆應了解，運用關鍵就在「反間」，所以對「反間」不能不特別優待。

從前商朝的興建，是因為伊尹在夏朝為臣；周朝的興起，是因為姜子牙在商朝為臣。所以明智的國君和將帥能運用智慧很高的人做間諜，必定能成就大功。這是用兵作戰的首要，整個軍旅都要依靠間諜提供情報，才能採取行動。

四、概說

一、五間之法

《用間》是《孫子兵法》最末一篇。夏振翼注解本篇說：「孫子十三篇，首言計，終言間，間亦計之所出也。蓋『始計』將校彼己之情，而『用間』又欲探彼之情也，計所以決勝負於始，間所以取勝於終。」這是很妥切的看法，「始計」是戰爭的通盤考慮估量，所以放在第一篇，「用間」是知彼察敵的手段，也是致勝的關鍵，放在最後，與「始計」首尾貫連，使整部兵法，成為一個完整的體系。

戰爭是國家的大事，關係國家之存亡絕續，以舉國之力興師動眾，爭戰於疆場之上，目的就是求得最後的勝利，因此敵人一舉一動都應詳為觀察，預作防備，這就是孫子所說的「先知」。「先知」唯有依賴間諜偵察探索，才能提供確切可靠的情報，然後三軍才能「所恃而動」，因此孫子說：「先知者，不可取於鬼神，不可象於事，不可驗於度；必取

於人，知敵之情也。」此即充分運用間諜，達成知彼的要求，要是不能做到這一點，必然白白犧牲生命財產，耗費人力物力，像孫子所謂的：「不仁之至也」，可見其對間諜情報工作之重視程度了。

孫子區分用間之法為五類：「鄉間」、「內間」、「反間」、「死間」、「生間」；「鄉間」和「內間」都是利用敵國人民或官吏做間諜，「生間」則是由己方選派人員潛入敵區，打探消息後回報，在運用上比較單純，易於了解；至於「反間」和「死間」則需要適當的人選和高度的運用技巧。「鄉間」、「內間」、「生間」是屬於對敵情報的取得，目的在了解敵人各種情況；「反間」和「死間」則是混淆敵人視聽，導致敵人錯誤判斷，所以是一種欺敵手段的運用，這是兩者間性質差異之處。

關於「反間」，孫子說：「反間者，因其敵間而用之。」又說：「必索敵間之來間我者，因而利之，導而舍之，故反間可得而使也。」照這個範圍來看，「反間」只限於敵方間諜之利用，像三國時，曹操遣蔣幹刺探周瑜，反為周瑜利用，誤殺自己水師大將蔡瑁、張允，就是十足的反間計。關於「死間」，孫子說：「為誑事於外，令吾間知之，而傳於敵。」又說：「故死間為誑事，可使告敵。」可見「死間」是用虛假之情報，欺騙敵人，為了取信於敵，往往先作出一些姿態，製造詐降的理由，像三國時周瑜用「苦肉計」怒打

黃蓋，使之偽裝投降曹操，即為一例。「死間」有知情偽降者，也有不知情而受利用者，不論其是否知情，一旦敵人發覺真相，往往有被殺之可能，因此凡不期生還者，均可視為「死間」。

孫子在五間之中，特別重視「反間」，認為：「五間之事，主必知之，知之必在於反間。」就現代眼光來看，「反間」運用之道，也可視為反情報的工作範圍，像「必索敵間之來間我者」，實在就是保防反制的技巧。此外，孫子還強調「反間」要與其他四間配合使用，「五間俱起，莫知其道，是謂神紀，人君之寶也。」不過，孫子也說：「非聖智不能用間，非仁義不能使間。」間諜深入危境，隨時有遭殺害之可能，苟無崇高之目標與理想，斷不會置生死於度外，人主必行仁義而後才能用間，這是孫子語重心長的話，含有深刻的寓意。

二、間必上智

《孫子兵法．用間》最後一段話說：「昔殷之興也，伊摯在夏；周之興也，呂牙在殷。故明君賢將，能以上智為間者，必成大功，此兵之要，三軍之所恃而動也。」伊摯即是伊

尹；為殷商開國賢相；呂牙即姜太公，為周朝開國元勳；這兩個人都是古聖先賢，後世儒家對他們極為推崇，孫子竟然舉為上智之間的例證，的確是令人驚訝的事。而且《孫子兵法》十三篇中，向不舉古人為例，在最後一篇的最後一段卻舉出伊尹、姜太公二人，可見他們在孫子心目中的地位是很特殊的，所以他們究竟是不是間諜，倒是個值得研究的問題。

歷來注解兵法的各家，都不認為伊、呂二人是間諜，其中以何延錫說得較周延：「伊、呂，聖人之耦，豈為人間哉?今孫子引之者，言五間之用，須上智之人，如伊、呂之才智者，可以用間，蓋重之之辭耳。」這種說法頗能掌握孫子的原意，本來孫子只說「伊摰在夏」，「呂牙在殷」，並未明指其為間諜，自不必以間諜視之，孫子原意只是強調間諜應以上智之人擔任而已。

間諜所擔任的是情報的蒐集、分析、研判工作，因此必須具備高度之智慧和廣泛的知識，近代對「情報」二字的定義也有：「情報即知識」、「情報即智慧」的說法，可見情報工作非上智之人，無法勝任。伊尹、姜太公二人皆傑出之上智，伊尹曾五適夏桀；太公曾屠牛於朝歌，賣飲於孟津；兩人對夏，商之政情地理均極了解，此即廣泛之知識，因此能輔佐湯武，弔民伐罪。此外，就史實記載來看、伊、呂均為深通謀略之士，伊尹之「既

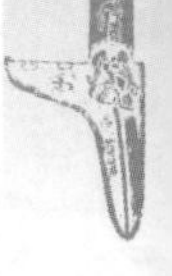

醜有夏，復歸於亳。」（《史記・殷本記》）可見他五次在夏桀處為官時，作了不少的宣傳工作。至於姜太公，《史記・齊世家上》說：「文王與呂尚陰謀修德以傾商政，其事多兵權與奇計。」更是後世陰權兵謀之祖，孫子以「上智」比喻，實非過譽。

中國歷代經典寶庫㉝

孫子兵法——不朽的戰爭藝術

編撰者—徐瑜
編輯—康逸藍
責任企劃—洪小偉
校對—謝適岱
董事長—趙政岷
出版者—時報文化出版企業股份有限公司
108019台北市和平西路三段二四〇號三樓
發行專線—（〇二）二三〇六—六八四二
讀者服務專線—〇八〇〇—二三一—七〇五
（〇二）二三〇四—七一〇三
讀者服務傳真—（〇二）二三〇四—六八五八
郵撥—一九三四四七二四時報文化出版公司
信箱—一〇八九九臺北華江橋郵局第九九信箱
時報悅讀網—http://www.readingtimes.com.tw
法律顧問—理律法律事務所　陳長文律師、李念祖律師
印刷—紘億印刷有限公司
五版一刷—二〇一二年九月二十一日
五版十刷—二〇二三年二月七日
定價—新台幣二百五十元
（缺頁或破損的書，請寄回更換）

時報文化出版公司成立於一九七五年，
並於一九九九年股票上櫃公開發行，於二〇〇八年脫離中時集團非屬旺中，
以「尊重智慧與創意的文化事業」為信念。

孫子兵法：不朽的戰爭藝術 / 徐瑜編撰. -- 五版. -- 臺北市：時報文化, 2012.09
面；　公分. --（中國歷代經典寶庫；33）

ISBN 978-957-13-5631-0（平裝）

1.孫子兵法　2.通俗作品

592.092　　101014694

ISBN 978-957-13-5631-0
Printed in Taiwan